W0262216

Die Gaufrage

Das Einpressen von Mustern in Textilien, Papier Leder, Kunstleder, Zelluloid, Gummi, Glas Holz und verwandte Stoffe

Von

Wilhelm Kleinewefers

Mit 59 Textabbildungen

Springer-Verlag Berlin Heidelberg GmbH 1925

ISBN 978-3-662-32407-3   ISBN 978-3-662-33234-4 (eBook)
DOI 10.1007/978-3-662-33234-4

Vorwort.

Die Fachliteratur ist reich an Abhandlungen über Verfahren, Maschinen und Apparaten, die der Veredlung der verschiedensten Stoffe und Waren gewidmet sind, z. B. Färberei und Appretur von Textilien, Papier- und Lederveredlung usw. Alle diese Abhandlungen betreffen das ganze Gebiet der Veredlung oder Ausrüstung der einzelnen Stoffe. Es ist daher erklärlich, daß einzelne Stufen der Veredlung nur spärlich behandelt sind, obgleich sie eine eingehendere Würdigung verdient hätten. Eine dieser wenig gewürdigten Stufen der Veredlung ist die „Gaufrage“, gleichbedeutend mit „Einpressen von Mustern in Waren“.

Es ist anzunehmen, daß zur Zeit des Erscheinens der einschlägigen Fachliteratur die Bedeutung der Gaufrage den Autoren nicht bekannt war, oder daß die Veredlungsindustrie selbst dieser Behandlungsstufe der Waren noch nicht die Bedeutung zusprach, die ihr heute gebührt; denn heute hat die Gaufrage sich fast aller Erzeugnisse der Fabrikation bemächtigt.

Die Gaufrage wartete somit bis heute noch auf eingehende Behandlung und Darlegung ihrer Eigenart, Vielseitigkeit und Wichtigkeit, um in fachmännischer Weise allen Interessenten Auskünfte, Ratschläge und Verfahren bekanntzugeben, die dieses große Gebiet betreffen.

Ich gebe mich der Hoffnung hin, daß dieses Buch allen Interessenten und jedem Suchenden auf dem Gebiete der Gaufrage die Aufklärung gibt, die er zu finden erwartet, um so mehr, als wohl kaum ein der Gaufrage sich bedienender Industriezweig vergessen sein dürfte.

Da meine Lebensarbeit zum großen Teil mit der Entwicklung und Ausbildung der Gaufrage zusammenhing und ich selbst häufig als Suchender vergeblich nach Aufklärung forschte, wurde bei mir der Gedanke wachgerufen, meine Erfahrungen zu sammeln und zusammengestellt in einem Werke der Nachwelt zu erhalten. Gar zu leicht geht mancher wichtige Vorgang, mancher gute Einfall, manche kleine, aber wesentliche Vorrichtung an Maschinen, sowie manche Handhabung des Verfahrens verloren, wenn diese nur einzelnen Fachleuten bekannt sind, ohne schriftlich niedergelegt zu sein. Das Wesen und den Wert der Gaufrage darzulegen und zu erläutern, alle wichtigen Momente auf diesem Gebiete der Vergessenheit zu entreißen und für die Zukunft festzuhalten, deshalb dieses Buch.

Crefeld-Bockum, im Frühjahr 1925.

Wilh. Kleinewefers.

Inhaltsverzeichnis.

Die Gaufrage.

Die deutsche Sprache kennt keinen treffenden Ausdruck für die Worte „Gaufrage" oder „Gaufrieren". (Das häufig angewandte „Pressen" oder „Prägen" erschöpft den Begriff nicht.) Der Begriff Gaufrage ist jedoch heute in allen in Betracht kommenden Kreisen wohlverstanden, da er schon seit langen Jahren in der Textil- und Papierindustrie heimisch geworden ist.

Gaufrage ist zweifellos französischen Ursprunges und dürfte von gaufre (Waffel), gaufreur (Waffelbäcker) abzuleiten sein. Man braucht sich nur das eigenartige Gebilde des Waffelkuchens mit seinen relief-artigen Erhöhungen und Vertiefungen vorzustellen, um die Ableitung zutreffend zu finden. Obgleich der Ausdruck Gaufrage aus Frankreich zu stammen scheint, ist es fraglich, ob auch das Gaufrieren selbst aus Frankreich stammt; es kann dies auch dahingestellt bleiben, nur sei erwähnt, daß schon im Jahre 1856 die englische Firma Th. W. Makin & Barnsley mit Walzen, deren Oberfläche mit einem Moirédessin graviert war, Pressungen auf Textilstoff vorgenommen hat (siehe Grote: Die Appretur der Gewebe, S. 460).

Das Gaufrieren des Papiers reicht auch sehr weit zurück, denn das Buch der Erfindungen, Gewerbe und Industrien berichtet im Band VIII, S. 204, daß ein gewisser Böhm aus Straßburg im Jahre 1806 schon geprägte Papiere hergestellt habe.

Noch weiter zurück reicht die Gaufrage von Samtband. Davon gibt uns Kenntnis der I. Band des Werkes Tagebuch einer der Kultur und Industrie gewidmeten Reise von Andreas Nemnich, erschienen in der Cottaschen Buchhandlung, Tübingen. In diesem Werke befindet sich ein Brief, datiert Krefeld, 28. September — 2. Oktober 1808, der folgende Stelle aufweist: „Michael Höchter in Krefeld hat eine Maschine mit einer hohlen Formwalze von Messing, worin ein heißer Bolzen gesteckt wird, zum Gaufrieren des Sammetbandes vor ungefähr 15 Jahren zustande gebracht". — Diese Stelle bezeugt, daß Samtbänder in Krefeld schon im Jahre 1793 gaufriert wurden.

Es ist unbestritten, daß sich die hier in Frage stehende Gaufrage seit 1856 ein ganz ungeheures Feld im Dienste der Veredlung von

Textilien, Papieren und Pappen aller Art, von Leder, Kunstleder, Zelluloid, Linkrusta, Glas, Metallfolien, Blechen, Vulkanfiber und dergleichen erobert hat.

Beständig wird das Gebiet ausgebaut, und immer neue Stoffe werden der Gaufrage unterworfen, immer neue Musterungen, dem jeweiligen Geschmack, Kunstsinn und praktischen Gebrauchszweck entsprechend, werden entworfen und ausgeführt, so daß die Gaufrage ungezählten Künstlern, Werken und deren Arbeitspersonal Beschäftigung gibt und für alle Zukunft geben wird.

Für den Laien könnte es so erscheinen, als ob Gaufrage auf alle zur Behandlung kommenden Stoffe in gleichartiger Weise zur Ausführung käme. Diese Annahme ist aber weit gefehlt, denn jeder Stoff stellt an die Gaufrage besondere physikalische Bedingungen, sei es Druck, Geschwindigkeit, Wärme, Kühlung, Feuchtigkeit, Reibung, Spannung, Rücksichtnahme auf die Festigkeit, Dichte, Elastizität, Sprödigkeit oder sonstige Eigenschaften des zu gaufrierenden Stoffes. Alles dieses muß der Gaufreur verstehen und genau zu beurteilen wissen, um zu einem guten Ergebnisse zu gelangen.

Vor Ausführung der Gaufrage sind aber noch eine Anzahl anderer Bedingungen zu erfüllen, und zwar muß man für jeden Stoff auch die geeigneten Musterungen bestimmen, seien es große oder kleine, moderne oder antike, tiefe oder flach gehaltene, realistische oder stilistische Musterungen, die sich meist in bildlichen, geometrischen oder ornamentalen Formen halten. Ein großes Gebiet entfällt dabei auf die Nachahmung von Geweben, Geflecht- und Wirkeffekten. Alles dieses hat der Fabrikant dem Gebrauchszweck und dem herrschenden Geschmack oder Kunstsinn anzupassen.

Häufig jedoch bestimmt die Natur selbst die Art der Gaufrage, weil die Gaufrage auch dazu dient, die von der Natur hervorgebrachten Effekte nachzuahmen, z. B. Ledernarben, Holzmaser, Baumrinde, Schalennarben der Früchte, Geweih- und Gehörnperlungen und viele andere. Bedingung ist in jedem Falle, daß Stoff, Musterung und Behandlungsart zweckentsprechend sind, denn nur durch die Befolgung dieser Regel ist der Gaufrage das überaus große Gebiet, welches sie beherrscht, bereitet worden.

Außer der Wahl der Musterung, also der Gravur, treten weitere, sehr wichtige Fragen in die Erscheinung, die große Aufmerksamkeit verdienen. Die Fragen berühren die Art der Maschinen, die Art der Walzen, die Wahl des Metalls und des Stoffes, aus denen die Walzen hergestellt werden.

Die Art der Maschine selbst ist fast für jeden zu gaufrierenden Stoff verschieden. Wenn auch auf den ersten Blick eine Gaufriermaschine der anderen in ihrer allgemeinen Bauart ähnlich sieht, so ist doch jede

Gaufriermaschine ihrem eigentlichen Gebrauchszwecke in der Konstruktion besonders angepaßt. Diese jeweiligen Eigenarten in der Konstruktion werden wieder bestimmt durch die Eigenschaft des zu gaufrierenden Stoffes und der Behandlungsart, welcher dieser Stoff bei der Gaufrage unterworfen werden muß.

Bei der Konstruktion der Maschine muß Rücksicht genommen werden auf die Breite, Dicke und Festigkeit der zu gaufrierenden Ware, ihrer Struktur, ihrer sonstigen physikalischen Eigenschaften und ihrer Form, die als Warenbahn von großer Länge, als abgepaßte Stücke, als Bogen oder Platten vorkommen. Danach bestimmen sich dann die Größenverhältnisse, der Druck und dessen Art, sei es stumpfer Druck, Federdruck, Hebeldruck oder hydraulischer Druck; bestimmt sich ferner die Geschwindigkeit des Arbeitsganges, die für die gravierte Walze anzuwendende Wärme und deren Art, die entweder durch Dampf, Gas, Gasolin oder auch durch Elektrizität erzeugt wird.

Noch eine Anzahl von weniger hervorstechenden Anordnungen sind dem jeweiligen Zweck entsprechend bei der Konstruktion zu berücksichtigen, die bei den später folgenden Einzelbesprechungen, soweit erforderlich, beschrieben werden sollen.

Wenn in dem Vorgesagten die Wichtigkeit der Konstruktion der Maschine oder deren Bauart selbst behandelt wurde, so ist damit noch nicht alles an Vorbedingungen erfüllt, denn es fehlt noch die Seele der Maschine, nämlich die Walzen.

Ausgehend von dem zu gaufrierenden Material und unter Berücksichtigung der Art der Gravur, sowie des zu erzielenden Effektes, arbeitet man entweder mit zwei Messingwalzen oder mit zwei Stahlwalzen, wobei eine Walze die positive, die andere die negative Gravur trägt, oder eine der Metallwalzen ist graviert, die andere dagegen glatt. Das gebräuchlichste System ist die Anwendung einer Metallwalze und einer elastischen Walze mit Papier- oder Baumwollbezug. Für die Wahl des Systems, ob zwei Metallwalzen zusammen arbeiten oder ob eine Metallwalze mit einer elastischen Walze zusammen arbeitet, ist stets der zu erzielende Effekt bestimmend. Für die Art des Metalls der Walze, ob Stahl oder Messing, ist in erster Linie maßgebend die Art der zu gaufrierenden Ware, weil manche Stoffe und Chemikalien, die zur Vorbehandlung der Ware benutzt werden, das eine oder andere Metall angreifen, oder das Metall greift die zu gaufrierende Ware an. In zweiter Linie ist maßgebend die auf der Walze anzubringende Gravur. Für sehr tiefe Gravuren eignet sich besser Messing, für flache Gravuren ist Stahl geeigneter; die Entscheidung liegt in diesem Falle bei der Kalkulation des Herstellungspreises.

Die Bestimmung der Art der elastischen Gegenwalze ist von großer Bedeutung für den Erfolg; sie muß dem zu gaufrierenden Material und dem gewünschten Effekt angepaßt sein. Man unterscheidet Papierwalzen aus Wollenpapier, aus Leinenpapier, aus saugfähigem und aus nicht saugendem Papier, aus gemischten Urstoffen und aus gemischten Lagen von Gewebe und Papierbogen. Sodann werden noch Walzen verwendet, deren Arbeitskörper aus zusammengepreßten Baumwollfasern, Leinenfasern oder Jutefasern bestehen. Als bekannt wird vorausgesetzt, daß die elastischen Walzen in hydraulischen Pressen ihre Härte und Festigkeit erhalten. Dieser Arbeitsgang ist von ganz besonderer Wichtigkeit, weil dabei die Pressung jeder Walze ihrem besonderen Verwendungszweck entsprechend bestimmt werden muß, so daß bei Walzen von gleichen Dimensionen manchmal große Unterschiede in der Härte des aufgepreßten Papiers, der Baumwolle usw. eintreten.

Alles dieses muß der Maschinen- und Walzenfabrikant zu beurteilen in der Lage sein, damit infolge der sachkundigen Bestimmung das erwartete Gaufrageergebnis mit Sicherheit erzielt wird. Er muß Autorität auf dem Gebiete der Gaufrage sein und die Fähigkeit besitzen, jede Gaufrage, für die er Maschinen und Walzen herstellt, selbst ausführen zu können.

Nachdem durch das Vorhergesagte im allgemeinen die Gaufrage und die dazu erforderlichen Mittel besprochen worden sind, kann nunmehr dazu übergegangen werden, die Gaufrage im einzelnen zu beleuchten, damit jeder Fachmann, Interessent und Studiker sich ein klares Bild von der Behandlung der verschiedenen Waren mittels Gaufrage machen kann und über die Anwendung der verschiedenartigen Maschinen unterrichtet wird.

Das Studium der folgenden Ausführungen wird manchem Leser bestätigen, daß seine Methode mit den Ausführungen übereinstimmt, mancher wird lehrreiche Hinweise bekommen, viele werden von Grund auf in die Gaufrage eingeführt, aber alle Leser dürften neben Bekanntem für sie Neues auf dem vielseitigen Gebiete der Gaufrage vorfinden. Vielleicht gibt dieses Buch die Anregung, aus verschiedenen Gaufragearten neue Arten zusammenzustellen oder die Anwendung aus einem Gebiete auf das andere zu übertragen, und hilft so fortbildend neue Erfolge auf diesem unerschöpflichen Gebiete der Veredlungsindustrie zu erringen.

Allgemeines.

Gaufrage ist im allgemeinen genommen eine Modellierung der Oberfläche von dünnwandigen Stoffen aller Art, soweit sie sich für Gaufrage eignen, das heißt, modellierungsfähig sind. Modellierungsunfähig sind alle Stoffe, die so spröde, hart oder elastisch sind, daß sie entweder während des Gaufrierprozesses zerfallen oder keine Eindrücke aufnehmen oder gar die Einpressung sofort wieder zurückgehen lassen. Als Vorläufer der Gaufrage kann man die Bildhauerkunst ansehen, die auf Stein oder Holz Nachbildungen von Blumen, Menschen und Tieren, sowie Verzierungen ornamentaler Art hervorbrachte. Da man aber Gewebe- und Papierbahnen nicht mit Hammer und Meißel bearbeiten kann, so mußte eben für die Modellierung dieser Stoffe ein anderer Weg gesucht werden, der schließlich in der Pressung zwischen Walzen seine vollkommene Lösung gefunden hat.

Es sei hier gleich eingeschaltet, daß besonders Papier, Pappe, Leder und Metall schon seit vielen Jahrzehnten in kleinen abgepaßten Stücken ohne Walzen modelliert worden sind, indem sie zwischen zwei Platten, wovon die eine der Form entsprechend positiv, die andere negativ gestaltet ist, in einer Presse so starkem Druck unterworfen werden, daß das Stück die gewollte Form annimmt. Diese Art der Modellierung, die zur Herstellung von Plakaten, Stuhlrücken und Stuhlsitzen, Bucheinbänden, sowie Metallplatten, Schüsseln und Gefäßen auch heute noch ausgeübt wird, soll nicht Gegenstand einer Abhandlung in diesem Buche sein.

Die in diesem Buche behandelte Gaufrage ist nicht nur eine bloße Formgebung, sondern im Grunde genommen mehr eine Sinnestäuschung, denn was das Auge wahrnimmt, ist meistens nur eine Nachahmung von edleren Vorwürfen; so z. B. wird ein einfaches glattes Gewebe, sei es nun Baumwolle, Wolle, Seide oder Samt, nach der Gaufrage das Aussehen eines wundervollen Jacquardgewebes haben. Ein mattes Baumwollgewebe erhält das Aussehen eines glänzenden Seidenstoffes, und gewöhnliches, weißes Papier erscheint so, als ob es feines Leinen sei. Richtig vorgefärbtes Papier ist nach der Gaufrage von genarbtem Leder oder feiner Holzschnitzerei nicht zu unterscheiden. Eine hervorragende Sinnestäuschung bietet das aus Gewebe hergestellte Kunstleder, das sich wirklich zum Lederersatz aufgeschwungen hat. Diese Beispiele werden zu der Erkenntnis genügen, daß durch die Gaufrage hauptsächlich dem Auge etwas vorgetäuscht werden soll. Damit soll aber nicht gesagt sein, daß nun eine Täuschung des kaufenden Publikums beabsichtigt sei. Das Gegenteil ist der Fall, denn die Käufer wissen gaufrierte Ware von echter Ware wohl zu unterscheiden. Der Zweck der Gaufrage ist der, minderwertige Ware so zu veredeln, daß ihr ein größeres Verwendungsgebiet offensteht. Dieser Zweck ist voll erreicht, denn nicht nur, daß die Gaufrage sich eine ganz bedeutende industrielle Stellung erobert hat, sie zieht noch täglich weitere Kreise und scheint schier unerschöpflich in ihrer Ausgestaltung und ihrer Anwendungsmöglichkeit. Mit der Zeit hat das Gaufrieren manche Wandlungen durchgemacht. Die Maschinentechnik, unterstützt durch die vollendeten Leistungen der Gravierkunst, hat sich auf diesem Gebiete im Laufe der Jahre zu einer derartigen

Vollkommenheit herausgebildet, daß die Industrie auf vielen Gebieten die Gaufrage nicht mehr entbehren kann. Daß manche Fabrikate, die heute am Weltmarkte eine wichtige Rolle spielen, erst infolge der Umwandlung oder Veredlung, welche das Gaufrieren zuwege bringt, verkäuflich werden, ist eine allgemein bekannte und nicht zu bestreitende Tatsache.

Gaufrage wird heute auf allen erdenklichen Gebieten angewandt. Handelt es sich in der Seidenindustrie hauptsächlich darum — auf glatt gewebten Stoffen geringer Qualität — durch Einpressen von Mustern irgendwelcher Art den Eindruck gewebter Jacquardware hervorzurufen (allerdings vorwiegend für solche Zwecke, die den so behandelten Stoffen keine besondere Beanspruchung auferlegen), so verlegt sich die Baumwollindustrie vornehmlich darauf, mittels geeigneter Gravuren wirkungsvolle Glanzeffekte auf dem meist als Futterstoff zur Verwendung bestimmten Gewebe zu erzeugen. Ein größerer Aufschwung im Gaufrieren von Futterstoffen hat mit dem Zeitpunkte eingesetzt, wo die sogenannte Merzerisation Aufnahme fand. Durch das Merzerisieren, in Verbindung mit der durch Gaufrage ermöglichten Veredlung, ist ein völlkommen neuer, vor 1894 noch nicht vorhanden gewesener Gebrauchsgegenstand auf den Markt gekommen, dessen Vorzüge ihm die ungeschmälerte Gunst der Konfektionsbranche in allen Industriestaaten gesichert hat und den weiten Kreisen der Baumwollindustrie ein Ansporn zur erneuten intensiven Tätigkeit gewesen ist.

Der Anstoß zu dieser Förderung eines unserer wichtigsten Erwerbszweige ist — was als Kuriosum festgestellt sein möge — von Firmen in der Seidenstadt Krefeld ausgegangen. Ist die Erfindung, oder besser gesagt, die Wiedererfindung der Baumwollmerzerisation einem Krefelder Färbereiunternehmen zu verdanken, so ist es auf der anderen Seite das Verdienst einer Krefelder Maschinenfabrik und Gravieranstalt, durch nie erlahmende Tätigkeit im Ausbau der maschinellen Hifsmittel und in der Schaffung neuer Gravuren das Interesse an den das Auge bestechenden Fabrikaten wach erhalten und zu fördern gewußt zu haben.

Aber auch auf ganz billigen, nicht merzerisierten Baumwollgeweben wird mit Hilfe des Gaufrierens heute eine Ausrüstung erzielt, die den Stoff nach außen beträchtlich veredelt. Wenn durch diese veränderte äußere Erscheinung die Dauerhaftigkeit der Ware auch nicht verbessert wird, so erfährt ihre Verkäuflichkeit doch eine beträchtliche Steigerung. Die weniger kaufkräftigen Klassen erhalten für wenig Geld die früher unansehnliche Ware in vollendeter Zurichtung, und so zeigt sich auch hier der Fortschritt der Industrie in einem für das Volksleben durchaus günstigen Sinne.

Auch die Druckereibranche in der Seiden- und Baumwollindustrie bedient sich des Gaufrierens in großem Maße. Hier sind es vornehmlich wohlfeile Kleider- und Blusenstoffe, welche durch die Behandlung mit gravierten Walzen eine bestechende Ausrüstung erhalten. Die Verkäuflichkeit hat damit für weite Kreise erheblich gewonnen. Neben sogenannten Riffelgravuren, die der Ware einen wesentlich edleren Glanz verleihen, als es mit den früher meist angewandten glatten Kalanderwalzen möglich ist, kommen auch solche Gravuren zur Anwendung, die figürliche Muster in das bedruckte Gewebe einpressen.

Baumwollsamte, gerauhte Stoffe, Flanelle und dergleichen Gewebe unterliegen gleicherweise für verschiedene Zwecke der Behandlung auf der Gaufriermaschine. Bei diesen Stoffen mit hochfluriger oder pelzartiger Oberfläche wird durch das Gaufrieren vorwiegend der Zweck verfolgt, durch das Einpressen von Mustern den Eindruck von Jacquardstoffen zu erwecken. Vielfach wird bei diesen hier genannten Stoffen die Gaufrage durch Anwendung farbiger Broncen ergänzt. Die stetig fortschreitende Technik ist dahin gelangt, durch das Gaufrieren unter Anwendung von Broncen auf wohlfeilen Stoffen höchst wirkungsvolle Effekte zu erzielen, die im Orient reißenden Absatz fanden.

Als besonderer Artikel auf dem Gebiete der Baumwollerzeugung, der durch das Gaufrieren erst verkäuflich wird, ist die Buchbinderleinewand zu nennen. Buchbinderleinewand muß, um ihren Zweck zu erfüllen, vollkommen dicht und undurchlässig sein. Das Gewebe wird zu diesem Zweck stark appretiert und geglättet, um die Zwischenräume zwischen den Fäden vollständig zu füllen. So hergerichtet, mit glatter, mehr oder weniger glänzender Oberfläche empfiehlt sich der Stoff keineswegs für den Gebrauch, und so ist denn die Fabrikation dazu gekommen, die Buchbinderleinewand der Einwirkung gravierter Walzen auszusetzen. Vielfach bestehen die angewandten Gravuren nur aus einfachen Rippen, Körnungen oder Gewebefondnachahmungen, die den unschönen Spiegelglanz der Ware brechen. Häufig aber auch werden Gravuren benutzt, welche Ledernarben nachahmen und dadurch dem fertigen Fabrikat eine gewisse Ähnlichkeit mit wirklicher Lederhaut verleihen.

Dem künstlichen Leder in seinen mannigfaltigen Abarten gebührt an dieser Stelle ebenfalls besondere Erwähnung. Pegamoid, Pluviusin, Dermatoid, Koroid, Granitol, Sanitas, Pantasote, Leatherole und wie die verschiedenen Fabrikate alle heißen, sind erst in den letzten Jahrzehnten entstanden. Der Verbrauch dieser Erzeugnisse hat sich dank ihrer schätzenswerten Eigenschaften aber zu einer beträchtlichen Höhe entwickelt. Ohne Anwendung der Gaufrage wäre dieser Erfolg nicht zu erreichen gewesen. Die Einwirkung durch gravierte Walzen oder Platten erzeugt erst die überraschende Ähnlichkeit mit wirklichem Leder, durch die das Material überhaupt als Lederersatz gebrauchsfähig und verkäuflich wird. Das Gaufrieren erzeugt mittels entsprechender Gravuren

auf Walzen oder Platten teils Ledernarben als Nachbildung der natürlichen Narben verschiedener Tierhäute, teils mehr dekorative Muster,
wie sie als Wandbekleidung vielfach in Eisenbahnwagen und Schiffen
anzutreffen sind.

Vollständig verwachsen mit der Gaufrage von Textilwaren ist die
Erzeugung echten Moirés in den verschiedensten Arten und auf den verschiedensten Geweben, deshalb soll auch diese Veredlung hier erwähnt
und an anderer Stelle eingehend behandelt werden. Echtes Moiré ist
edler als gaufriertes Moiré, sowohl in Ware als auch in Ausführung. Es
war längst bekannt, bevor Gaufrage auf Geweben in die Erscheinung
trat. Moiriert werden fast alle Arten von Geweben, Seide, Halbseide,
Wolle und Halbwolle, Baumwolle, Leinen und Halbleinen, sowie Bänder
aller Art, natürlich muß ihre Webart ein Moirieren gestatten. Diese
Eigenschaft erlangt das Gewebe dann, wenn entweder der Schuß oder
die Kette des Gewebes stärker und im Faden vor dem Verweben für
Moirierung präpariert ist. Das Gewebe muß, kurz gesagt, ein Ripps-
gewebe sein. Ob die Rippenbildung in der Schuß- oder Kettrichtung
verläuft, ist für die Erzielung von Moiré gleichgültig. In gewissen Zeit-
abschnitten beherrscht Moiré geradezu die Mode, und jede Moirésaison,
die fast regelmäßig von zehn zu zehn Jahren wiederkehrt, zeitigt neue
wundervolle Ergebnisse, sowohl in Musterung als auch in Ausführung.
Soweit Seide, Halbseide, Samt und Velvet in Frage kommt, darf ich
das Gebiet der geschnittenen Bänder nicht übergehen. Bänder im
allgemeinen werden auf Bandwebstühlen gewebt und stehen sehr hoch
im Preise. Der riesige Verbrauch an Bändern kann durch gewebte
Bänder kaum gedeckt werden, und manche Industrien verlangen sogar
ein billiges Produkt. Da helfen die geschnittenen Bänder aus. Diese
werden aus einem vollen Stück irgendwelcher Breite mittels der Schneidemaschine in jeder gewünschten Breite herausgeschnitten, die Schneide-
kanten werden zur Vermeidung des Ausriffelns verklebt und ein gewebe-
ähnliches Käntchen wird aufgepreßt, so daß das geschnittene Band
dem echten gewebten täuschend ähnlich sieht. Solche geschnittenen
Bänder werden für billige Aufmachungen, für Export nach den Kolonien,
für Kranzschleifen, Blumendekorationen usw. verwendet. In vielen
Fällen werden diese Bänder auch noch gaufriert, sei es mit Blumen,
Moiré oder kirchlichen Motiven.

In die Kategorie derjenigen Erzeugnisse, die des Gaufrierens nicht
entbehren können, um für manche Zwecke verkäuflich zu werden, gehört
auch das Zelluloid und ähnliche Zellstoffabkömmlinge. Wer kennt nicht
die sogenannte Gummiwäsche, die weiteren Kreisen der Bevölkerung
mit der Zeit unentbehrlich geworden ist! Nun, das leinenartige Aussehen dieses Stoffes ist auch nur durch Gaufrieren zu erzielen. Leinen-
gravuren sind deshalb in dieser Industrie seit Jahren im Gebrauch,

nebenbei bemerkt, in gleich großem Umfange auch in der Papierwäscheindustrie. Zelluloidbogen werden jedoch nicht nur mit Leinenimitation versehen, sondern noch unzählige Gewebe- und Phantasiemusterungen dienen dazu, diese Bogen für ihren demnächstigen Verwendungszweck durch Gaufrage herzurichten.

Wenn in den vorhergehenden allgemeinen Ausführungen die Hinweise auf einzelne Zweige der Textilindustrie einen breiten Raum einnehmen, so möge die jetzige umfangreiche Anwendung des Gaufrierens in dieser Branche dafür die Erklärung geben. Tatsächlich hat im besonderen die Baumwollindustrie im Verlaufe der letzten Jahre sich das Gaufrieren in einem Maße dienstbar gemacht, wie nie zuvor. Aber es wäre doch verkehrt, anzunehmen, daß es vornehmlich die Textilindustrie sei, die das Gaufrieren ausnutzt. Viele Jahre hindurch hat die Papierindustrie in den verschiedenen Stadien der Verarbeitung des Papiers das Gaufrieren in ausgedehntem Maße betrieben und mit der gewaltigen Ausdehnung, die die Papiererzeugung allenthalben zu verzeichnen gehabt, hat auch das Gaufrieren gleichen Schritt gehalten. Die Bunt- und Luxuspapierindustrie ist auf das Gaufrieren als unentbehrlichstes Hilfsmittel ihrer Fabrikation derart angewiesen, daß sie auf die Herstellung zahlreicher Erzeugnisse würde verzichten müssen, wenn ihr das Mittel zur Herstellung gepreßter Papiere nicht zu Gebote stände. Buntpapiere, und im weiteren Sinne feine Luxuspapiere, würden für viele Zwecke nicht verwendbar sein, wenn nicht die Anwendung gravierter Walzen gestattete, dem Papier ein lederartiges Aussehen zu verleihen oder dem Papier das Aussehen von Gewebe oder Geflecht zu geben, wobei häufig durch gleichzeitigen Eindruck von Farbe die Wirkung noch erhöht wird. Die Erzeugnisse der Chromolithographie würden in ihren vielgestaltigen, farbenschillernden Abarten nicht dem verfeinerten Geschmack des Publikums genügen, wenn das Gaufrieren nicht die Mittel an die Hand gäbe, die manchmal gleißenden Farbeneffekte dem Auge wohlgefälliger zu gestalten.

Die Pergaminpapiere oder fettdichten Papiere, die zu Zwischenlagen und Einschlagzwecken und dergleichen benutzt werden und ein weites Verbrauchsgebiet haben, werden mit kleinen Blumenmusterungen oder Moirépressungen versehen, wodurch sie ganz erheblich an Aussehen und Verkaufswert gewinnen. Auf dem Gebiete der Schreib- und Zeichenpapiere bietet die Gaufrage das Mittel, aus dem einfachen, glatten Papier ein wundervoll imitiertes Bütten-, Feinkorn-, Liniatur- oder Leinenpapier zu gestalten. Eine ausgedehnte Anwendung findet die Gaufrage auf Papiere für Schokoladenpackungen und ähnlichen Ausstattungen, indem das Papier mit einem Schriftmuster, das die Ware kennzeichnet, gaufriert wird.

Eine Klasse für sich bilden die sogenannten Filigranmusterungen, die als Liniatur-, Ornament- oder Schriftmuster in Transparentprägung sich dem Auge darbieten. Die in ganz feinen Linien gehaltene Gravur erzeugt nur einen kaum meßbaren Eindruck in das dünne weiße oder Seidenpapier, verändert jedoch die Struktur des Papiers derart, daß das Muster hell leuchtend und durchsichtig erscheint. Diese Papiere werden für hochfeine Packungen aller Art verwendet; den größten Verbrauch darin hat aber wohl die Zigarettenfabrikation.

Eng verwandt mit den Papieren sind die Pappen; diese werden zumeist in Form von Bogen gaufriert, da sie sich infolge ihrer Stärke nicht so leicht aufrollen lassen wie eine dünne Papierbahn. Die Veredlung durch Gaufrage hat den Pappen, die früher eine ganz untergeordnete Rolle im Verbrauch spielten, ein weites Feld der Anwendung eröffnet. Einseitig mit einem Muster versehen, d. h. der Rücken bleibt glatt, werden Pappen heute verarbeitet und verbraucht als feine Kartonagen, Körbchen, Handtaschen, Koffer, Futteralbekleidungen, Photographie- und Bilderrahmen und viele andere Gegenstände. In gleicher Weise veredelt werden die aus edlem Material hergestellten, überaus harten und widerstandsfähigen Vulkanfiberplatten, die in vorwiegendem Maße zur Herstellung von Reisekoffern Verwendung finden, da das Vulkanfiber in materieller Hinsicht der Dauerhaftigkeit des Leders wenig nachsteht und auch infolge der Gaufrage das Aussehen durchaus lederartig ist. Außer Ledernarben kommen sowohl für Vulkanfiber als auch für Pappen noch Geflechtmuster, Strohhalmmuster und wild liegende Langrippenmuster in Frage.

Die Tapetenindustrie bedient sich gleicherweise der Gaufrage in großem Maßstabe. Billigeren Erzeugnissen preßt man mit Vorliebe kornartige, gewebefondartige oder gerillte Muster ein, um die farbig bedruckten Flächen weniger monoton erscheinen zu lassen und um die plastische Wirkung des Farbendrucks zu erhöhen. Vielfach werden Moirégravuren angewandt, um eine wohlfeile Imitation gewebter Wandbekleidung herzustellen. Bessere Tapeten zeigen reine Reliefprägung, bei welcher unter vollem Verzicht auf Farbendruck die Prägewirkung allein das Muster abgibt. Eine weitere Klasse von Tapeten wird durch das Reliefmuster mit eingepaßtem Farbendruck sowohl in einem als auch in mehreren Tönen gekennzeichnet. Unter Anwendung der Reliefprägung hat die Tapetenindustrie auch eine täuschend ähnliche Nachahmung der bekannten Linkrustawandbekleidung zuwege gebracht. (Die Original-Linkrustawandbekleidung selbst wird nicht durch die Einpressung des Musters in den Stoff zur Dessintapete gestaltet, sondern die gravierte Walze formt die auf der Papierbahn aufgetragene, noch plastische Holzmehl- und Leinölmasse zum gewollten Muster. Es findet demnach nur eine Modellierung statt.)

Ihren schönsten Triumph feiert die Gaufrage aber in der Herstellung der sogenannten Tekkotapete und deren gleich wohlgelungenen

Imitationen. Bei beiden beruht die vornehme bestechende Wirkung auf bloßer Gaufrage. Ohne die Gaufrage hätte die Tekkotapete niemals im Markte erscheinen können. Es ist wohl das Schönste, was bisher an Tapeten erzeugt wurde. Auf einer Baumwoll- oder Papierbahn wird eine Art Zelluloseüberzug in herrlichen Farbtönen aufgetragen und auf diesem die kunstvollen Imitationen von seidenen Geweben aufgepreßt. Das Ergebnis ist geradezu verblüffend, denn der Laie kann die an der Wand befestigte Tapete von reiner Seide kaum unterscheiden. Ohne Gaufrage wäre das Produkt als Tapete unverwendbar.

Einer rein zweckdienlichen Veredlung des Papiers sei jetzt noch Erwähnung getan, und zwar der Gaufrage der sogenannten Erbsenmuster- oder Pyramidenmusterpapiere. Diese haben nach beiden Seiten der Papierbahn etwa 2—3 mm hohe Kuppeln oder Pyramiden angeordnet, die sich in Abständen von ungefähr 10 mm wiederholen, so daß die ganze Papierbahn aussieht, als ob sie links und rechts mit kleinen Kügelchen oder Pyramiden übersät wäre. Sie dienen als Einlage in Schachteln mit leicht zerbrechlichen oder schonungsbedürftigen Gegenständen. Die nach beiden Seiten der Papierbahn vorstehenden Kuppeln oder Pyramiden schmiegen sich den Gegenständen und der Schachtel so an, daß die Packung vollständig fest, aber doch so elastisch ist, daß ein Zerstören oder Beschädigen der verpackten Gegenstände ausgeschlossen ist. Außer Erbsen- und Pyramidenmuster werden in Papier und leichten Strohpappen auch Wellen eingepreßt. Solche gewellten Papiere und Pappen findet man u. a. angewendet in Kartons für Obst, Glaswaren, Glühbirnen. Diese im letzten Abschnitt beschriebene Gaufrage der Erbsen-, Pyramiden- und Wellenmuster wird vorteilhafterweise nur zwischen zwei Metallwalzen ausgeübt. Einen großen Aufschwung hat durch Hilfe der Gaufrage die Metallfolienindustrie genommen. Die früher verwendeten, nicht gaufrierten Zinnfolien dienten in der Hauptsache als Umhüllung von feineren Genußmitteln, z. B. Schokoladen, Zigarren, Obst usw.; erstens, um sie vor äußeren Einflüssen zu bewahren, dann als Schutz gegen Fettabsonderung. Im Laufe der Zeit erkannte man, daß Zinnfolien sich sehr wohl zu Ausstattungszwecken eigneten. Es mußte aber die blinkende Metallfläche verschwinden, und flugs wurden die Folien auf der Gaufriermaschine mit feinen Korn-, Rillen-, Gewebefond- oder kleinen Figurenmustern versehen. Ferner werden Schriftgravuren, Schutzmarken usw. eingepreßt und die so umgestalteten Metallfolien als Ausstattung von Gebäck-, Schokoladen-, Zigarren- und Zigarettenschachteln, sowie für viele ähnliche Zwecke verwendet. In dieser Form geben die Metallfolien sowohl der Packung als auch dem Inhalte ein elegantes und wohlgefälliges Aussehen. Mit der Gaufrage verbunden wird auch bei Metallfolien häufig der Farbendruck, so daß in einem Durchgange durch die Maschine sowohl die Pressung

wie auch die Färbung einzelner Stellen des eingepreßten Musters erzielt wird.

Ein erst in den letzten Jahrzehnten bedeutend gewordenes Gebiet
hat die Gaufrage in der Lederindustrie erobert. Vor 1890 wurden allerdings auch schon Lederhäute mit künstlichen Narben versehen, aber
es waren nur schwache Anläufe mit unvollkommenen Mitteln, wohl aus
dem Grunde, weil die Mode sich die Lederindustrie noch nicht so dienstbar gemacht hatte, als dies in der nachfolgenden Zeit der Fall war. Wie
auf allen Gaufragegebieten, so hat nämlich auch hier die Mode das
Wort. Als durch die Mode vorgeschrieben wurde, daß jede Dame ihre
Handtasche tragen müsse, statt der früher gebräuchlichen Umhänge-
oder Gretchentasche, und als es für unschön galt, wenn eine Dame gar
eine Tasche in ihrem Kleide eingenäht hatte, da war der Lederindustrie
Tür und Tor zu ungeahnter Entwicklung geöffnet. Die Damenmode
beeinflußte die Herrenmode, so daß jeder Herr seine lederne Zigarren-
tasche und seine lederne Brief- und Geldtasche bei sich führen mußte.
Die lederne Aktenmappe ist unentbehrlich geworden. Der wachsende
Wohlstand trieb die Leute auf Reisen, und jeder, der es eben ermöglichen konnte, mußte über eine oder mehrere lederne Reisetaschen verfügen. Auf das Schreibpult gehörte eine lederne Schreibmappe, und
noch eine ganze Menge kleiner Gegenstände wurden aus Leder hergestellt oder mit Leder ausgestattet. Alle diese Gegenstände mußten
aber der Mode entsprechend eine schöne, in die Augen springende
Narbung aufweisen. Auch die Ledermöbelindustrie entwickelte sich
sprunghaft, und die Nachfrage nach Ledersofas, Klubsessel usw. stieg
in ungewöhnlicher Weise.

Das für die Bezüge und Ausstattungen nötige Leder sollte nun aber
auch, wie schon gesagt, eine schöne Ledernarbung aufweisen, sei es nun
Schweinshaut, Ziegenhaut, Rindshaut oder Kalbshaut, Schlangen-,
Krokodil-, Alligator-, Eidechsen- oder Seehundhaut. Noch eine Anzahl
anderer Häute dienten den angegebenen Zwecken. Unbestreitbare Tatsache ist es, daß besonders die seltenen Häute, wie solche von Eidechsen,
Krokodilen, Elefanten, Büffeln, Seehunden usw., nicht in den Mengen zu
erlangen waren, wie sie zur Bewältigung der Nachfrage benötigt wurden.
Um aber der Nachfrage genügen zu können, mußte die Gaufrage ihre
Dienste zur Verfügung stellen. Weniger seltene Häute, z. B. von Schafen
und Rindern, sowie Spaltleder, das durch mehrmaliges Spalten einer
Haut gewonnen wird, wurden in Krokodil-, Elefanten-, Eidechsen- und
andere seltene Häute verwandelt, und zwar schließlich in einer solchen
Vollkommenheit, daß nur der gewiegte Fachmann noch feststellen
kann, was Naturhaut und was Imitation ist. Außer mit Narbenimitation
werden Lederhäute auch mit figürlichen Musterungen, die sonst durch
Punzarbeit mit viel Zeitaufwand von besonders darin geübten Leuten

hergestellt werden, versehen, z. B. Arabesken, japanische, chinesische und indische Motive, sogar Gewebeimitationen fehlen bei der Ledergaufrage nicht. Das unerschöpfliche Gebiet der Gaufrage hat in der Lederindustrie ein ganz besonders günstiges Wirkungsfeld gefunden, das zeigt sich am besten darin, daß von allen zum Verkauf kommenden Gegenständen, bei denen genarbtes Leder Verwendung findet, seien es nun Möbel oder andere Sachen, mehr als 90% die gaufrierten Narben tragen, wohingegen weniger als 10% nur die echten Naturnarben aufweisen.

So sonderbar es klingt, aber es ist Tatsache, daß auch Glas gaufriert wird, zwar nicht in der Form, wie wir es an Fensterscheiben sehen, sondern Glas wird gaufriert in flüssigem oder teigartigem Zustande. Entweder geschieht dies mittels gravierter Walzen oder gravierter Platten. Die gemusterten Gläser erfüllen in erster Linie den Zweck, die Durchsicht zu bannen. Diesen Zweck erfüllen sie mindestens so gut als die mattierten oder gestrichenen Gläser, wirken dekorativ jedoch bedeutend schöner.

Zuerst trat wohl das einfache gerillte Glas auf, dem dann schnell das kunstvoll gemusterte Glas, wie es heute für Verglasung in Geschäftshäusern, bei Schalterwänden, Fenstern, Türen, in dunklen Gängen und Veranden weite Verbreitung gefunden hat, folgte. Eine solche Verglasung verleiht dem ganzen Raum einen soliden Ausdruck, ist eine dem Auge wohltuende Zierde und erfüllt in hervorragendem Maße den Zweck eines guten Abschlusses bei gleichzeitiger ausgiebigster Lichtdurchlässigkeit. Immer weitere Kreise zog die Gaufrage, und so kam es, daß auch das Metall sich der Zufassung nicht mehr erwehren konnte. Wenn in früheren Zeiten, wo das Kunsthandwerk noch blühte, wo man fast nur auf die Kunstfertigkeit des einzelnen Mannes angewiesen war, manches schön gehämmerte oder ziselierte Kunstwerk in den Handel kam, so beschränkte sich der Verbrauch doch immer auf nur wenige, besonders in Auftrag gegebene Stücke. Heute, wo die Industrie und die Kleinkäufer große Mengen in Metallblechwaren benötigen, und fast alles der Massenanfertigung unterworfen ist, da wird das Kunsthandwerk bis auf weniges ausgeschaltet und die Herstellung fabrikmäßig betrieben. Das trifft ganz besonders in der Metallwarenbranche zu. Es ist daher nicht verwunderlich, daß die Gaufrage sich der Metallblechmusterung bemächtigte und ganz Hervorragendes darin leistet. Da gibt es gaufrierte Silber-, Kupfer-, Messing-, Zinn-, Zink-, Aluminium-, Eisen- und Stahlbleche, die zu Schachteln, Dosen, Etuis, Gefäßen, Lampen, Badeöfen, Trittblechen, Tischplatten, Wandbekleidungen usw. verwendet werden. Vorherrschend sind die sogenannten Hammerschlagmusterungen in verschiedenen Abmessungen und Formen. Daneben stehen Korn-, Kuppel- und Riefenmuster, aber auch Geflecht-, Blumen- und Figurenmuster sind nicht selten. Sodann kommen in letzter Zeit die ganz groben Gaufragen der Pyramidenmuster für Trittbleche, wie sie z. B. bei Automobilen angewandt werden. Alle diese Prägungen werden entweder in schmalen Bändern von einigen Zentimetern Breite bis zu ein und einhalb Meter Breite und, wenn gewünscht, auch noch darüber hinaus ausgeführt. Aus den Bändern oder Tafeln werden die zu den herzustellenden Gegenständen benötigten Größen herausgeschnitten, falls nicht die Bleche schon dem jeweiligen Gebrauchszweck entsprechend abgepaßt waren. Auch auf diesem Gebiete steigern sich die Ansprüche der Verbraucherkreise. Es ist daher Aufgabe der Gaufrageindustrie und des Maschinenbaues, in Verbindung mit der Gravieranstalt, den Ansprüchen durch Lösung der Aufgaben gerecht zu werden. Fast immer wird durch diese glückliche Zusammenarbeit eine zufriedenstellende Lösung erreicht.

Wenngleich ich darauf hingewiesen habe, daß sehr elastische Waren nicht gaufrierfähig sind, werden Gummiwaren trotzdem einer Musterung auf Gaufrierkalandern unterworfen. Das Verwendungsgebiet ist noch klein, denn es handelt sich in der Hauptsache um Gummituch für Badehauben, Wagendecken und ähnliche Artikel. Unter genauer Einstellung von Hitze und Druck ist Gummituch gaufrierfähig, erlangt jedoch nicht das schöne, bestechende Aussehen der gaufrierten Textil- oder Papierware. Auf diesem Gebiete müssen noch mehr als bisher die maßgebenden Personen ihre Meinungen austauschen, um auch die Gaufrage von Gummituch zu einer größeren Bedeutung zu bringen als bisher. Außer Gummituchen werden noch die für die bekannten Gummiüberschuhe verwendeten Sohlenpartien auf Kalandern mit gravierten Walzen hergestellt, ebenso andere ähnliche reliefartige Musterungen. Das letztere ist aber mehr eine Formgebung der plastischen Masse, denn eine Gaufrage. In der Gummiindustrie wird im allgemeinen mehr mit gravierten Formen, in die die Gummimasse hineingegossen oder gepreßt wird, gearbeitet.

Nicht genannt habe ich unter den gaufrierfähigen Stoffen Holz. Aber auch dieses Naturprodukt, das oftmals die Vorlage für die Gaufrage auf Papier liefert, wird durch Gaufrage veredelt. Zu diesem Zwecke nimmt man ein minderwertiges Holz, z. B. Buchenholz, hobelt es glatt, und da es selbst keine prägnante Maserung aufweist, prägt man in die glatt gehobelte Fläche eine Eichen-, Ahorn-, Mahagoni- oder andere Maserung edler Hölzer ein, wodurch es tatsächlich das Aussehen der edlen Hölzer erhält. Auch für Reliefmusterungen ist Holz geeignet.

Aus dem in „Einleitung" und „Allgemeines" Niedergelegten ist nur eine oberflächliche Anschauung der Gaufrage zu gewinnen, da ich es bisher absichtlich noch vermieden habe, die einzelnen Verfahren und Ausführungen der Gaufrage, sowie die Art der für jeden Sonderfall zu benutzenden Maschinen und Vorrichtungen zu besprechen. Ich hielt es

für richtig, zuerst ein allgemeines anschauliches Bild über Zweck und
Wesen der Gaufrage zu geben, bevor ich zur eingehenden Besprechung
der Maschinen und Verfahren übergehe. Diese vorherige Abhandlung
dürfte dem Leser insofern nützlich sein, als ihm die nachfolgenden
Aufzeichnungen besser verständlich werden, nachdem er über Wesen und
Entwicklung der Gaufrage im allgemeinen Aufklärung bekommen hat.

Ich gehe nunmehr dazu über, vorerst die Gaufriermaschine im
wesentlichen zu erklären und das Anwendungsgebiet der verschiedenen
Arten von Maschinen zu erläutern.

Die Gaufriermaschine.

Eine jede Gaufriermaschine besteht in der Hauptsache aus den
Seitengestellen mit Antriebmechanismus, Druckeinrichtung, Warenzuführung und Warenabnahme, sowie aus der gravierten Walze und deren
Gegenwalze. Durch geeignete mechanische Hilfsmittel (Spindeln, Hebel,
Wasserdruck) werden beide Walzen gegeneinander gepreßt und indem
die zu gaufrierende Ware zwischen den beiden Walzen hindurchgeführt
wird, preßt sich das Muster der Gravur in der Ware ab. Die Arbeitsfläche der Gegenwalze wird in den meisten Fällen aus elastischem
Material hergestellt, weil für die meisten Zwecke der Prägung die Gegenwalze wie eine Matrize wirken muß, das ist z. B. da der Fall, wo die
Prägung in der Ware als Relief erscheinen soll. Die Gegenwalze muß
alsdann das genaue Negativ der Gravur aufnehmen. Diese wird erreicht, indem man die gravierte Walze eine Zeitlang unter Druck und
Feuchtigkeit und je nach den Umständen kalt oder geheizt mit der
Gegenwalze leer zusammenlaufen läßt. Die Konturen der Gravur pressen
sich nach und nach tiefer in die Oberfläche der Gegenwalze ein; was in
der Gravur erhaben ist, erscheint schließlich in der Gegenwalze vertieft
und umgekehrt. Die Gegenwalze besteht in der Regel aus einem Stahlkörper mit Papierüberzug, seltener Baumwollüberzug. Diese Überzüge
werden unter hydraulischen Pressen fest auf den Stahlkörper aufgepreßt.
Die fertigen Walzen sind in der ganzen Welt als Papierwalzen und Baumwollwalzen bekannt. Es ist eigentlich unnötig zu sagen, daß bei Reliefprägung, und sei sie noch so erhaben, das Umfangverhältnis beider
Walzen übereinstimmen muß, sei es nun, daß die Gegenwalze den gleichen,
doppelten oder dreifachen Umfang der gravierten Walze erhält, wobei
jedoch zu beachten ist, daß die Gegenwalze stets eine Zugabe im Umfange von 1—3% erhalten muß, um ihrem Verschleiß entgegenzuwirken.
Sobald Reliefprägung irgendwelcher Art erzeugt werden soll, ist es
erforderlich, daß beide Walzen durch zwei genau geschnittene Zahnräder — sogenannte Rapporträder — miteinander verbunden sind, deren
Zähnezahl den Walzenumfängen entsprechend entweder gleich, 1 zu 2

oder 1 zu 3 sind, z. B. 20 zu 20, 20 zu 40, 20 zu 60. Infolge dieser Räderverbindung trifft das Positiv der Gravur in allen Teilen unveränderlich stets mit dem Negativ in der Gegenwalze wieder zusammen. Das Plus im Umfange der Gegenwalze wird durch die Rapporträder beim Rundlauf der Walzen überholt.

Vielfach ist es nicht zu umgehen, daß die gravierte Walze geheizt wird. Alle Webstoffe bedürfen einer mehr oder minder intensiven Hitze, um den Gaufriereffekt auf der Ware zu erzeugen. Bei Leder, Kunstleder und Zelluloid reicht eine geringere Hitze aus, Papier, Tapeten und ähnliche Erzeugnisse nehmen in der Regel jeden Preßeffekt ohne Anwendung von Hitze auf.

Zum Zweck der Heizung werden die gravierten Walzen hohl gebohrt. Die Heizung erfolgt meist durch Dampf. Die Walzen sind alsdann mit der erforderlichen Armatur für den Dampfeintritt und Dampfauslaß versehen. Da, wo die Art des zu behandelnden Materials oder der zu erzeugende Effekt die Anwendung einer intensiven Hitze erheischt, wird Gasheizung vorgezogen. Hierzu sind besondere Brenner geschaffen worden, die aus zahlreichen kleinen Brennstellen die Hitze über die ganze Breite der Gravurfläche aus dem Innern der Walze heraus verteilen. Gasheizung bedingt die Hinzuziehung eines Luftgebläses, durch welches atmosphärische Luft in das Innere des Brenners gepreßt wird, ohne die das Gas im Innern der Walze nicht würde verbrennen können. Durch die Vermischung von Gas und Luft wird aber auch eine so intensiv brennende Flamme erzeugt, daß ein 100 kg schwerer Walzenkörper in einigen Minuten schon eine Erhitzung von über 100° erlangt. Wo Leuchtgas nicht zur Verfügung steht, bleibt die Möglichkeit der Anwendung von Gasolin offen; dafür geeignete Einrichtungen sind ohne besonders große Kosten zu beschaffen. Man hat bisher auch verschiedene Versuche mit elektrischer Beheizung von Walzen angestellt, die da, wo die Energie nicht zu teuer ist, mit Erfolg angewandt wird. Nebenher sei hier erwähnt, daß Dampfheizung dort versagt, wo die gravierten Walzen in Form zylindrischer Mäntel auf eine besondere Spindel aufgeschoben werden. Der Zwischenraum zwischen Spindel und Walzenmantel, so geringfügig er sein mag, bildet eine isolierende Luftschicht, die der Dampfhitze einen Widerstand gegen ihre ausgiebige Übertragung auf den äußeren Walzenmantel entgegensetzt. Hier muß die stärker wirkende Heizung durch Gas Platz greifen.

Der Druck, der die Walzen zusammenpreßt und unter dem die Ware die Walzen passiert, wird auf verschiedene Weise erreicht. Die einfachste Art der Druckgebung ist die durch Schraubenspindeln. Schraubenspindeln erzeugen einen unnachgiebigen Druck, der für manche Sonderausführungen verlangt wird. Will man die Starrheit beheben, so kann man dies erreichen, indem man zwischen Druckspindel und

Lager zweckentsprechende Druckfedern einschaltet. Durch Hebeldruck, namentlich aber durch hydraulischen Druck, läßt sich gleicherweise eine unter Umständen enorme Druckwirkung erzielen. Der Unterschied besteht aber gegenüber Schraubendruck darin, daß Hebel- und
hydraulischer Druck elastisch, nachgiebig sind. Läuft die Ware durch
irgendwelche Ursachen in Falten oder geraten gar Fremdkörper zwischen
die Walzen, so vermag sowohl der Hebeldruck als auch der hydraulische Druck nachzugeben, ohne daß die üble Einwirkung auf die
elastische Gegenwalze eine gar zu einschneidende wird. Hebel- und hydraulischer Druck lassen sich durch Berechnung schnell in Kilogramm
ausdrücken. Schraubendruck bereitet in dieser Hinsicht Schwierigkeiten.
Eine Vorrichtung an der Maschine, um den ausgeübten Druck, gleichgültig ob durch Schraubenspindeln, belasteten Hebeln oder auf hydraulischem Wege erzeugt, im Augenblick aufheben zu können, ist bei fast
allen Gaufriermaschinen unentbehrlich. Besonders unentbehrlich wird
diese Vorrichtung, wenn mehrere aneinander genähte Stücke Ware
durch die Walzen gehen. Die Nähte würden, falls der Druck nicht
abgehoben werden könnte, bei ihrem Durchgange durch die Walzen
einen schwer zu beseitigenden Eindruck in der elastischen Gegenwalze
hinterlassen. Nur bei einzelnen Warengattungen, deren Beschaffenheit
es zuläßt, ungefährdet die Walzen zu passieren, bedarf es weniger einer
Druckentlastungsvorrichtung. Die Gaufriermaschinen erfordern durch-
weg Kraftantrieb. Nur Maschinen von geringer Breite, z. B. solche
zur Behandlung von Bändern, Litzen u. dgl., lassen Handbetrieb zu.
Aber auch für diese Zwecke wird man Kraftbetrieb nehmen, sobald
es sich um andauernde Fertigstellung größerer Mengen handelt. Als
Kraftantriebe kommen in Frage der Riemenantrieb mittels der Transmission, der Antrieb durch Elektromotor oder durch die veraltete, nur
noch selten verwendete Zwillingsdampfmaschine. Welche von diesen
Arten gewählt wird, muß von Fall zu Fall entschieden werden. Von
außerordentlicher Bedeutung bei der Gaufriermaschine ist die Lagerung
der Walzen. Die dafür vorgesehenen Lager sind infolge des starken
Druckes großer Beanspruchung unterworfen, und wenn die Walzen,
wie es häufig geschieht, auf weit über 100^0 erhitzt werden, so muß für
die Lager ein besonders gutes Broncematerial gewählt werden, damit das
Lagermetall durch die auf $100—250^0$ erhitzten Zapfen nicht angegriffen
wird. Weißmetall, das für allgemeine Lagerzwecke mit bestem
Erfolg verwendet wird, versagt in diesem Falle vollständig. Der Sach-
lage entsprechend hat man auch die Schmierung der Lager so eingerichtet, daß ein Trockenlaufen bei der enormen Hitze nicht eintreten
kann. Entweder setzt man beständig tropfende Selbstöler auf, oder man
bedient sich der Ringschmier- oder Rollenschmierlager. In neuerer Zeit
wird auch das Rollen- und Kugellager verwendet, jedoch in der Haupt-

sache bei kalt arbeitenden Maschinen, weil die Hitze die gehärteten Laufbüchsen und Rollen oder Kugeln zerstören würde.

Wenn eingangs dieses Abschnittes gesagt ist, daß zum wesentlichen Teile jeder Gaufriermaschine zwei Walzen gehören, die gravierte Walze und ihre Gegenwalze, so tritt doch in manchen Fällen die Notwendigkeit ein, die Maschine dreiwalzig zu bauen. Die Frage, ob im Einzelfall die Maschine besser mit drei Walzen als mit zweien arbeitet, hängt von den Umständen ab und muß für den Besteller Gegenstand reiflicher Überlegung oder sachverständiger Beratung sein. Zuweilen muß, der Notwendigkeit gehorchend, sogar eine vierte Walze angeordnet werden. Hierüber werden die späteren Erläuterungen nähere Aufklärung geben. Mit der größeren Breite muß der Durchmesser der Walzen gleichen Schritt halten, um ein übermäßiges Durchbiegen zu vermeiden. Mit der größeren Stärke der Walzen steigen naturgemäß auch die Kosten der Gravur, und so ist die Praxis schon frühzeitig auf den Gedanken gekommen, oberhalb der gravierten Walze eine zweite elastische Walze — aus Papier, Baumwolle oder ähnlichem Material — anzuordnen, um damit die Möglichkeit zu haben, der in der Mitte liegenden gravierten Walze einen geringeren Durchmesser zu geben, ohne dabei ein Durchbiegen befürchten zu müssen. In allen Fällen, wo die Rücksichtnahme auf die Gravur und die technische Auswirkung beim Arbeitsgange es zulassen, wird man das Dreiwalzensystem anwenden, weil es drei große Vorteile hinsichtlich der gravierten Metallwalze in sich birgt. Diese Vorteile sind: leichtes Gewicht, daher Materialersparnis, geringer Umfang, somit Ersparnis an Gravurlohn, und geringe Wandstärke, daher Ersparnis in der Beheizung. Da die obere elastische Walze bei dem eigentlichen Prägen nicht mitwirkt, sondern nur als Druckwalze mitläuft, so kann sie stets in Anwendung bleiben, ohne Rücksicht darauf, ob je nach den Verhältnissen beim Wechseln des Musters mit der gravierten Walze auch die untere Gegenwalze gewechselt werden muß.

Im Prinzip völlig einwandfrei hat das Dreiwalzensystem indessen — je nach Art der zu behandelnden Ware — mancherlei Nachteile im Gefolge, die nicht unbeachtet bleiben dürfen. Vor allen Dingen unterliegt die gravierte Walze einer doppelten Reibung, da sie mit zwei Walzen zusammenläuft; die Abnutzung ist deshalb — besonders bei feinen Ziselierungen — größer als im Zweiwalzensystem. Dann wirken die manchmal scharfen Konturen der Gravur fortwährend mahlend auf die Oberfläche der oberen Walze ein; der sich so bildende Staub setzt sich in den Vertiefungen der Gravur fest, beeinträchtigt die saubere Pressung und kann diffizile Ware obendrein beschmutzen. Mit der Zeit nutzt sich die obere Walze vollständig ab; sie bedarf alsdann der Erneuerung ihres Bezuges. Aus diesen Gründen sollte dem Zweiwalzensystem in allen Fällen der Vorzug gegeben werden, solange nicht die jeweiligen

Umstände die Anwendung einer Dreiwalzenmaschine erlauben. Die geheizte gravierte Walze einer Zweiwalzenmaschine unterliegt naturgemäß einer größeren Reibung in ihren Lagern als eine kalt arbeitende Walze. Diese Reibung führt besonders dann zu unerträglichen Zuständen, wenn es sich um großdimensionierte Maschinen handelt, die unter 50000 kg und höherem Zapfendruck arbeiten müssen, ohne daß mit Rücksicht auf die Empfindlichkeit der Gravur die obere elastische Gegenwalze Verwendung finden könnte. Hier tritt nun mit bestem Erfolge die Blindwalze in ihr Recht, eine obere Gegenwalze ohne Papierbezug, bestehend lediglich aus einer starken Achse mit Laufscheiben an den beiden Enden, die innerhalb der vorstehenden Zapfen auf die Achse aufgepreßt sind. Die Laufscheiben drücken nur auf die Kragen der gravierten Walze und entlasten diese dadurch vom Lagerdruck. Die Blindwalze nimmt somit die Stelle einer oberen Vollwalze ein, ohne die darunterliegende gravierte Walze an ihrer gravierten Oberfläche zu berühren. Diese Blindwalze ist, wie gesagt, namentlich da unentbehrlich, wo die Gravur derart fein und empfindlich ist, daß das Zusammenlaufen mit einer oberen Papier- oder Baumwollwalze unter fortwährender unmittelbarer Berührung zu Beschädigungen der Gravur zu führen geeignet ist.

Durch Anwendung der Blindwalze wird auch erheblich an Kraft gespart, weil sie infolge des großen Laufscheibenumfanges langsamer läuft als die geheizte Stahlwalze und infolgedessen weniger Reibung in den Lagern hat. Die Umfangsgeschwindigkeit wird damit in den Lagerstellen der Blindwalze nur ein viertel bis ein halb derjenigen der Stahlwalze betragen. Zieht man dabei noch in Betracht, daß die Blindwalze kalt läuft, so liegt die enorme Kraftersparnis auf der Hand.

Bilden gravierte Walze und elastische Gegenwalze den Hauptbestandteil einer jeden Gaufriermaschine, so verlangt der jeweilige Verwendungszweck wiederum gewisse Ergänzungen oder Sondereinrichtungen, die den Erfordernissen des Einzelfalles angepaßt sind.

Wenn die zu gaufrierende Ware in langen Bahnen behandelt wird, was bei Geweben fast stets, bei Papier vorwiegend der Fall ist, gehören Ab- und Aufwickelvorrichtung zur Maschine. Die Abrollvorrichtung besteht aus den beiderseitigen Lagern — an der Einlaufseite der Maschine —, von denen das eine nur als gewöhnliches Lager ausgebildet ist, in welches der gedrehte Endzapfen der vierkantigen Abrollstange eingelegt wird. Das andere Ende der Abrollstange hat keine Lagerstelle, dagegen ist der Kopf der Lagerstelle vierkantig geblieben und wird in die vierkantige Aushöhlung der Bremsachse hineingesteckt, die an der entgegengesetzten Seite der Maschine im Lager ruht. Wird aber auch an dieser Seite der Vierkantstange eine Lagerstelle angedreht, so muß die vierkantige Aushöhlung der Bremsachse geschlitzt sein, um das

2*

Einlegen zu ermöglichen. Die beste und genaueste Abrollvorrichtung ist diejenige, bei der Bremskopf und Abrollstange jede für sich gelagert sind, aber durch Zahnräder miteinander in Verbindung stehen. Diese Vorrichtung gestattet es, die Abrollstange an beiden Enden als Handgriff auszubilden. Diese Handgriffe ragen über die Abrollager hinaus und erleichtern das Ein- und Auslegen der Stange mit der Warenbahn. Die Bremsachse besitzt eine Bremsklemme oder ein Bremsband. Durch festeres oder loseres Anziehen der Bremse wird der auf der Vierkantstange aufgeschobene Baum mit der Ware mehr oder weniger gebremst und dadurch die Ware vor den Walzen in ihrer Längsrichtung gespannt. Die Aufrollvorrichtung befindet sich an der Auslaßseite der Maschine und ist bezüglich der Lagerung der Abrollung gleich. An Stelle der Bremsachse ist jedoch dort ein Antriebsmechanismus vorgesehen, der die Vierkantachse mit dem aufgeschobenen Aufrollbaum in drehende Bewegung versetzt, und zwar mit einer Umfangsgeschwindigkeit, die mindestens gleich derjenigen der gravierten Walze ist. Beim Aufrollen der gaufrierten Ware will der Antriebsmechanismus langsam steigend mehr leisten, als die Walzen bringen. Diese Mehrleistung wird durch eine regulierbare Friktionseinrichtung an der Riemenscheibe des Antriebsmechanismus ausgeglichen.

In Verbindung mit der vorbeschriebenen Vorrichtung sind an der Einlaßseite der Maschine für die Führung der Ware Spannstäbe, nach Umständen noch Breithaltrollen vorgesehen, um die Ware mit gleichmäßiger Spannung und faltenlos durch die Maschine führen zu können.

Für Waren, deren Beschaffenheit es nicht zuläßt, den rationelleren Weg der Pressung in Rollenform zu nehmen und die deshalb in der Form von Tafeln oder Bogen durch die Maschine gehen müssen, werden bequeme Einführungstische vorgesehen; gleiche Tische sind am Auslaß angeordnet, um die gaufrierten Bogen oder Tafeln leicht abnehmen zu können. Die Einrichtung kann auch so getroffen werden — wo die Art des Materials es zuläßt —, daß die fertig gepreßten Bogen oder Tafeln einen geneigt angeordneten Tisch hinuntergleiten und sich unten sammeln, um dann stoßweise abgenommen zu werden.

Beim Gaufrieren von Tapeten in abgepaßten kleinen Rollen kommen wiederum kleine Abweichungen hinsichtlich der Ab- und Aufrollung vor, die es gestatten, die etwa 8 m langen Papierrollen sicher einzuführen und auch gleich beim Austritt wieder versandfertig aufzurollen. Die neuere Zeit arbeitet jedoch so, daß in der Gaufriermaschine entweder von Rolle zu Rolle die ganze Papierbahn aufgewickelt und diese dann zu einer besonderen Maschine gebracht wird, auf welcher in schneller Arbeitsweise die kleinen Tapetenrollen gewickelt und auf Maß abgeschnitten werden, oder die Tapete geht von der dicken Rolle durch die Gaufriermaschine; hinter dieser ist die Wickelmaschine für abgepaßte Tapetenlängen aufgestellt, die das aus der Gaufriermaschine kommende geprägte Papier direkt zu versandfertigen Tapetenrollen wickelt und auf Maß schneidet. Gaufriermaschinen werden in allen Größen hergestellt. Handelt es sich darum, Bänder, Rüschen oder Litzen zu gaufrieren, dann begnügt man sich mit einer Breite von 10—20 cm. Handelt es sich um breite Papiere oder Gewebe, so steht nichts im Wege, die Arbeitsbreite auf 2 oder 3 m zu erhöhen. Selbstverständlich muß die Bauart der Maschine der geringen oder großen Breite angepaßt sein.

Kombinierte Maschinen zum Gaufrieren sind ein Ergebnis der neueren Zeit. Die Art der verlangten Preßeffekte gestattet manchmal nicht, die Gravuren so herzurichten, daß die Ware das gewünschte Aussehen durch einmaliges Gaufrieren davonträgt. Eine zweimalige Behandlung, d. h. die aufeinanderfolgende Einwirkung zweier verschiedener Gravuren, ist dann die notwendige Folge. Die zu diesem Zweck gebauten Maschinen weisen zwei vollkommen unabhängig voneinander arbeitende Walzensysteme auf. Die Ware geht, nachdem sie das erste Walzensystem passiert hat, unmittelbar durch ein zweites Walzenpaar. Auf diese Weise ergänzt die Gravur des einen Walzenpaares die Gravur des anderen, und beide zusammen ergeben auf der Ware den gewünschten Effekt.

Zur Großproduktion auf kleinem Raum dient eine ganz ähnliche Maschine, die ebenfalls, wie die kombinierte Gaufriermaschine, zwei oder mehr Walzensysteme aufweist. Diese Maschine ist unter dem Namen Etagenkalander bekannt. Die übereinander angeordneten Walzenpaare arbeiten jedoch unabhängig voneinander, jedes für sich seine eigene Warenbahn, so daß ein einzelnes wie auch mehrere Systeme in Betrieb sein können. Hier sind also mehrere Gaufriermaschinen in einem Gestell vereinigt.

Alle vorbeschriebenen Gaufriermaschinenarten sind zum schnellen Auswechseln der Walzenpaare eingerichtet; nicht selten kommt es vor, daß zwanzig und mehr Walzenpaare zu einem einzigen Maschinengestell gehören, die je nach Bedarf in die Lager des Gestelles ein- oder ausgelegt werden.

Dieses System ist bei einer gut konstruierten Maschine, die auf guter Grundplatte oder gutem Fundament steht, einwandfrei und bietet die größte Sicherheit für ein sofortiges richtiges Zusammenarbeiten des nach längerer Ruhezeit wieder eingelegten Walzenpaares. Obgleich nun keine Notwendigkeit bestand, dieses System zu ändern, hat man doch in Frankreich, besonders für Seidengaufrage, ein System eingeführt, das bedeutend kostspieliger ist als das oben genannte, ohne nun in Wirklichkeit bessere Ergebnisse zu gewährleisten.

Nach diesem System hat jedes Walzenpaar ein besonderes Gestell, welches gerade so groß ist, daß es die Walzen faßt. Die Walzen bleiben stets mit diesem kleinen transportablen Gestell, das meist Schraubendruckvorrichtung aufweist, verbunden und werden mit dem Gestell auf eine Bank gestellt, an der sich der Antrieb und die Ab- und Aufwickelvorrichtung usw. befinden. Hat ein Walzenpaar seine Arbeit verrichtet, so wird es mit seinem Gestell von der Bank abgehoben und ein anderes Gestell mit anders gemusterten Walzen wird an dessen Stelle gesetzt. Dieses System ist gut, da die Walzen nie getrennt werden und daher ihre Lage zueinander nicht ändern können.

Man könnte der Ansicht sein, daß durch die vorbeschriebene Einrichtung eine vorzügliche Lagerung der beiden Walzen zueinander und dadurch ein besseres Ineinanderpassen der Musterung der Metallwalze mit dem Relief der Papierwalze gegeben sei. Diese Ansicht kann aber nicht durchgreifen, denn die gleiche Sicherheit des Ineinanderpassens bietet der gute Gaufrierkalander, vorausgesetzt, daß die Rapporträder nicht von den Walzen entfernt werden.

Wer eine solche Einrichtung besitzt, wird sie auch mit gutem Erfolge weiter benutzen, wer aber neu einrichtet, wird vorteilhafter fahren, wenn er den guten neuzeitigen Gaufrierkalander anschafft.

Die vorstehende Abhandlung über Gaufriermaschinen betraf nur solche Maschinen, die mit elastischer Gegenwalze arbeiten.

Nicht für alle Zwecke ist diese Anordnung zulässig, besonders dann nicht, wenn Pappen, Vulkanfiber, Bleche und sonstige harte Waren gaufriert werden sollen. In diesen Fällen nimmt man als Gegenwalze eine Metallwalze.

Die Maschinenkonstruktion ist fast gleich der vorbeschriebenen. Stets sind es die Seitengestelle mit Antrieb und Druckvorrichtung, Materialzu- und -abführung und die Walzen.

Würde man Bleche mit elastischer Gegenwalze gaufrieren wollen, so bliebe der Erfolg aus, weil das harte Metall die elastische Walze sofort zerstört, indem es sich tief darin eindrückt. Ebenfalls harte Pappen, Kartons und Vulkanfiber, obgleich weicher im Stoff als Bleche, können nicht mit elastischer Walze gaufriert werden, weil die Platten oder Bogen bei ihrer Einführung und bei ihrem Austritt aus den Walzen mit ihren harten Kanten einen tiefen Quereindruck über die ganze Breite der elastischen Walze hervorrufen. Diese Eindrücke zerstören nicht nur die Gegenwalze, sondern machen auch ein weiteres Arbeiten zur Unmöglichkeit, weil nachfolgende Bogen, sofern sie die Eindruckstelle überdecken, dort keine Prägung aufnehmen, da es infolge der Vertiefung an dem nötigen Gegendruck mangelt. Die nachfolgenden Bogen würden immer neue Eindrücke hervorrufen, und schließlich wäre die Oberfläche der Bogen mit ungeprägten Streifen übersät, also unverkäuflich.

Wäre die elastische Walze auch noch als negative Walze ausgebildet, also im Umfange einfach, doppelt oder dreimal so stark als der

Umfang der Metallwalze, so würde schon der erste Bogen des harten Materials das elastische Negativ zerstören. Dies zu vermeiden, und um überhaupt einen Effekt zu erreichen, nimmt man eine Metallwalze als Gegenwalze. Ob diese Gegenwalze nun glatt oder mit negativer Oberfläche ausgebildet ist, ist unwesentlich, sie kann durch das harte Material nicht mehr zerstört werden. Bedingung ist allerdings, daß sie härter ist als das Material, welches gaufriert werden soll. Es kann sogar vorkommen, daß die Gegenwalze sowohl wie die gravierte Walze besonders gehärtet werden müssen, wenn es sich darum handelt, Stahlbleche aus hartem Material zu gaufrieren.

Ob mit glatter Gegenwalze oder mit negativ gravierter Gegenwalze gearbeitet werden muß, wird gewöhnlich durch die Dicke des zu gaufrierenden Materials oder dem Verwendungszweck der Ware bestimmt.

Harte Kartons bis zu 1 mm Dicke wird man mit negativer Metallgegenwalze gaufrieren, ist das Muster jedoch sehr flach und wird ein glatter Rücken der Ware gewünscht, so kann auch hierbei schon mit glatter Metallgegenwalze gearbeitet werden. Dickere Pappen und Kartons werden meist mit glatter Metallgegenwalze gaufriert, jedoch kommen auch hier Fälle vor, wo die metallische Gegenwalze negativ ausgebildet sein muß, besonders bei groben, hohes Relief zeigenden Musterungen, z. B. Büffel- und Alligatornarben oder schweres Korbgeflechtmuster. Ähnlich ist es bei der Blechprägung, die wohlverstanden nur mit zwei Metallwalzen ausgeführt wird. Dünne Bleche für Etuis und ähnliche Verwendung prägt man nur einseitig, also mit glatter Gegenwalze; dünne Bleche für Tischplatten, Badeöfen, Trittbleche usw. mit negativ gravierter Gegenwalze.

Die negativ gravierte Walze muß zur Erzielung eines einwandfreien Effektes haargenau, sozusagen luftdicht mit der gravierten positiven Walze zusammenfallen. Das gaufrierte Material zeigt naturgemäß auf der rechten Seite das gewollte Muster, auf der Rückseite dessen Negativ.

Es kommt noch eine weitere Art von Gaufrage in Anwendung, wobei beide Seiten des Materials mit dem gleichen positiven Muster oder sogar mit zwei verschiedenen positiven Mustern gleichzeitig geprägt werden. Zur Erzielung dieses Effektes werden zwei Metallwalzen mit dem gewünschten Muster graviert, so daß jede der beiden Walzen die Musterung aufweist. Das mit solchen Walzen gaufrierte Material kann z. B. auf der Vorderseite ein Leinen- oder Geflechtmuster und auf der anderen Seite eine Ledernarbe zeigen, oder je nach Wunsch kann, der Gravur entsprechend, Vorder- und Rückseite irgendein anderes Muster tragen. Beim Zusammenarbeiten einer gravierten und einer glatten Metallwalze oder zweier mit verschiedenen Mustern gravierten Stahlwalzen würde die Gravur in wenigen Minuten zerstört sein, wenn nicht Vorsorge getroffen wäre, daß die Walzenoberflächen sich nicht berühren können. Beim Durchführen der Ware heben sich die Walzen, der Dicke des Materials entsprechend, soweit, als die Druckvorrichtung dies zuläßt, auseinander und, nachdem der gaufrierte Bogen die Walzen passiert hat, nähern sie sich wieder so weit, daß zwischen den Arbeitsflächen der Walzen eine Luftschicht bleibt.

Wichtige Vorrichtungen, die an keiner Gaufriermaschine fehlen dürfen, sind die Schutzvorrichtungen. Diese sind nicht nur von allen Betriebsleitern als unumgänglich notwendig anerkannt, sie sind auch von der Gewerbepolizei vorgeschrieben. Die allgemein bekannten Schutzvorrichtungen müssen rotierende Wellen verdecken, die Einlaufstellen der Zahnräder schützen, und nach der Montage soll auch der Riemenlauf verkleidet sein. Die wichtigste Schutzvorrichtung an der Gaufriermaschine ist jedoch am Walzeneinlauf anzubringen; dort, wo die zu gaufrierende Ware in die sich drehenden Walzen eingeführt wird, ist der größte Gefahrenpunkt. Ohne Schutzvorrichtung kann es nur zu leicht vorkommen, daß der Arbeiter aus Unachtsamkeit mit der Hand zwischen die Walzen gerät und Hand oder Arm verliert oder gar sein Leben einbüßt. Diese Walzeneinlaufstelle muß entweder mit einer starken Schiene, einem runden Schaft oder einem Rohr verdeckt sein. Schiene, Schaft oder Rohr muß so nahe an die Walzen herangerückt werden und so viel Abstand haben, daß die zu gaufrierende Ware durchgeführt werden kann, darf jedoch nicht so weit abstehen, daß ein Finger sich hindurchschieben könnte. Die Vorrichtung darf weder pendeln noch sich drehen, sondern muß starr am Maschinenrahmen angeschraubt sein, wenn sie den Zweck eines vollkommenen Schutzes erfüllen soll.

Ich glaube mit dem bis jetzt Ausgeführten in großen Zügen die verschiedenen Systeme der mit Walzen arbeitenden Gaufriermaschinen erläutert zu haben. Jetzt will ich noch kurz die Maschinen erläutern, die mit gravierten Platten arbeiten. Mancher Leser wird die Frage aufwerfen, warum arbeitet man mit Platten, wenn man doch mit Walzen rationeller arbeiten kann. Darauf will ich gleich die Antwort geben. Es gab eine Zeit, wo die Gravierkunst noch nicht so weit fortgeschritten war, daß man Mustervorlagen durch Gravur so genau imitieren konnte, als es mit der Galvanoplastik möglich war. Der Leser möge sich eine natürliche Lederhaut mit ihrer wunderbar gezeichneten Narbung oder ein Leinengewebe mit all seinen Eigenarten vorstellen. Diese Musterungen wünschte die Veredlungsindustrie in naturgetreuer Wiedergabe in großen Abmessungen nachzuahmen. Die Gravieranstalten waren bis zum Jahre 1900 nicht in der Lage, die verlangten großflächigen und großrapportigen Muster in der gewünschten naturgetreuen Wiedergabe auf Walzen herzustellen. Da blieb nichts anderes übrig, als galvanoplastische

Abzüge von den Vorlagen zu machen, und zwar in der einzig möglichen
Art von Platten. Um solche Platten für Gaufrage verwenden zu können,
mußten Maschinen gebaut werden, mittels deren man die Plattenprägung
vornehmen konnte.

Die Gaufrage, unter Anwendung von Platten, wurde und wird da,
wo die Einrichtungen bestehen, auch heute noch ausgeübt auf Pappen,
Kartons, Vulkanfiber, Zelluloid, Leder, Kunstleder usw. Sodann wird
stets mit Platten geprägt, sobald es sich um abgepaßte Muster auf abgepaßten Stücken handelt.

Heute ist die Gravierkunst allerdings so weit fortgeschritten, daß
ihr keine Naturvorlage irgendwelcher Art zu fein, zu umfangreich oder
zu schwierig sein kann, als daß sie nicht ein der galvanischen Ausführung
gleichwertiges Produkt, sei es auf Platten oder Walzen liefern könnte.
Infolge dieser Bezugsmöglichkeit ist denn auch manche Fabrik, die früher
mit Platten gaufrierte, zur Walzengaufrage übergegangen.

Eigenartig liegt die Sache bei der Lederindustrie. Hier ist die
Gaufrage mit Platten fast eine Notwendigkeit, weil die Lederhäute nicht
immer eine glattliegende Oberfläche zeigen, wie z. B. ein Gewebe, Pappe
oder Kunstleder. Die Rücken- und Bauchpartien sind verschieden, dazu
kommt die anders liegende Halspartie und die wiederum verschiedenen
Beinpartien. Eine solche Haut, deren Oberflläche eine Menge Unebenheiten aufweist und nicht Plan liegt, läßt sich besser mit gravierten
Platten gaufrieren, indem eine glatte Walze das Leder in die Gravur
der Platte hineindrückt oder, was als äquivalent anzusehen ist, eine
gravierte Walze preßt das Leder gegen eine glatte Platte.

Die Gaufrage von Leder wurde in ihren Anfangsstadien auf der
Chagriniermaschine, die in jeder Lederfabrik zu finden war, ausgeübt,
indem eine schmale Rolle von 10—15 cm Breite und 6—8 cm Durchmesser, die mit einer Körnung oder Narbenmustergravur versehen war,
über die auf einer Unterlage ruhende Lederhaut unter Druck gerollt
wurde. Nach jedem Hub wurde das Leder verlegt, bis schließlich die
ganze Haut mit der kleinen Rolle bearbeitet worden war und ein körniges
oder narbiges Aussehen zeigte. Das genügte damals, heute nicht mehr.
Man ging weiter und versuchte die Häute auf Kalander in ganzer Breite
zu pressen; es gelang nicht vollkommen, weil man der Haut nicht die
gleichmäßige Spannung geben konnte, die ein glattes Durchführen in
ihrer ganzen Breite durch zwei Walzen erfordert. Das Leder warf sich
beim Durchführen in Falten und war nach dem Pressen fast unbrauchbar. Die Prägung suchte man nun dadurch zu vervollkommnen, daß man
die Haut mit schmalen Walzen in mehreren Passagen behandelte; dann
folgte die Prägung mit einer gravierten Walze gegen eine glatte Platte,
ebenfalls in mehreren Passagen. Die Oberhand hat jedoch heute die
Prägung mittels einer gravierten Platte, die mindestens die Länge der

Hautabmessung hat, gegen die eine glatte Walze sich unter Druck abrollt. Des weiteren bedient man sich noch schwerer Pressen mit gravierten Platten, die in ihren Ausmaßen die Hautgröße überragen. Unter diesen Pressen wird die ganze Haut in einem Druck fertig gaufriert.

Hauptsächlich ging man zur Plattenprägung über, weil diese gestattet, das Leder, welches während des Arbeitsprozesses sich in Ruhelage befindet, der Prägung besser anzupassen und Faltenbildungen zu vermeiden.

Die Plattenprägemaschine selbst ist in einem Falle eine Presse mit einem unteren und einem oberen Tisch, von denen einer sich zu heben und zu senken vermag. Auf einem dieser Tische ist die gravierte Platte befestigt, die größer sein muß als das zu prägende Stück. Gegen den anderen Tisch liegt eine ca. 1 cm dicke Filzplatte. Der Tisch, gegen den die gravierte Platte liegt, kann geheizt werden. Die Ware wird mit der rechten Seite gegen die gravierte Platte gelegt und beide Tische werden durch Hebel, Schrauben, Exzenter oder Wasserdruck zusammengepreßt. Dabei erhält die Ware die Eindrücke der Gravur über ihre ganze Oberfläche. Bei Waren mit gleichmäßiger Oberfläche und Dicke kann die Filzlage fortfallen und eine weniger nachgiebige Unterlage, z. B. Pappdeckel, der sich alsbald zur Matrize ausbildet, gewählt werden. Solche Pressen finden Verwendung für alle Warengattungen, sobald es sich darum handelt, abgepaßte Stücke zu gaufrieren. Im anderen Falle ist die Plattenmaschine so ausgebaut, daß die zu prägende Ware streifenweise der Einwirkung der gravierten Platte unterworfen wird, und zwar ganz besonders bei großen Lederhäuten. Die hierfür verwendete Maschine trägt auf langen Balken eine schmale gravierte Platte, die aber in ihrer Länge die Lederhaut überragt, in ihrer Breite jedoch nur ungefähr ein Fünftel der Lederhaut mißt. Unter dieser gravierten Platte bewegt sich in deren Längsrichtung ein Wagen mit einer Rolle, die gegen die Platte gepreßt werden kann. Das zu prägende Leder wird auch hier mit seiner rechten Seite der gravierten Platte zugekehrt, gegen den Rücken legt sich eine Filzplatte, dagegen läuft die obenerwähnte Druckrolle von einer Seite der Maschine zur anderen und preßt das Leder gegen die nötigenfalls geheizte gravierte Platte, die dabei das Muster auf die Lederhaut überträgt. Allerdings ist bei einmaligem Vorbeirollen des Wagens nur ein schmaler, 25—30 cm breiter Streifen der Ware mit dem Muster versehen worden, deshalb legt man die Lederhaut um so viel weiter vor, daß mit einer kleinen Überdeckung der ersten Einpressung der zweite Streifen geprägt werden kann. Dieses Spiel wiederholt sich so oft, bis die ganze Haut überprägt ist.

Eine Abart der Plattenprägung, die vor der allgemeinen Einführung der Gaufriermaschine vielfach im Gebrauch war, ist die Prägung auf Bleitischen. Obgleich diese Art der Prägung heute nicht mehr in Anwendung und den jüngeren Fachleuten vielleicht unbekannt ist, sei sie gerade deswegen, und weil sie ein Glied in der Entwicklung der Gaufrage war, beschrieben.

Die für Bleitischgaufrage benutzte Maschine hatte in ihren Seitengestellen oben eine gravierte Walze gelagert, die mittels des Antriebes in drehende Bewegung versetzt wurde. Unter dieser Walze war ein Tisch angeordnet, der mit vier Rollen auf Schienen hin und her bewegt werden konnte. Auf diesem Tisch war eine Bleiplatte eingebettet, die so breit war wie die Oberfläche der gravierten Walze, ihre Länge richtete sich nach der Länge der zu gaufrierenden Papierbogen mit einer Zugabe von ungefähr 20 cm. Die gaufrierte Walze wurde auf den Tisch aufgepreßt, dieser rollte durch Vermittlung eines Vor- und Rücklaufgetriebes unter der sich drehenden Walze hin und her und erhielt auf diese Weise das Negativ der gravierten Walze. Der Bleitisch vertrat also die Stelle der jetzt gebräuchlichen Papierwalze, ohne jedoch etwas anderes als Bogen gaufrieren zu können. Der zu gaufrierende Bogen, war es nun Papier oder sonst ein Stoff, wurde auf den Bleitisch gelegt, die auf den Bleitisch gepreßte Walze bewegte durch ihre Drehung den Tisch unter sich her und prägte den Bogen der Gravur entsprechend tadellos aus. Die Arbeit der Maschine war sehr gut, aber sie arbeitete zu langsam, und da man darauf keine langen Papierbahnen, sondern nur Bogen gaufrieren konnte, mußte sie der Gaufriermaschine mit elastischer Gegenwalze weichen.

Das gleiche System, jedoch unter Verwendung eines eisernen Tisches, wurde vor langen Jahren in England zur Prägung von Leder angewandt; sei es nun, daß die Platte oder die Walze graviert war, der Erfolg blieb dieser Maschine versagt, weil es zu schwierig ist, eine Lederhaut unter Anwendung von rollenden Hilfsmitteln in ihrer ganzen Ausdehnung in einem Zuge vollkommen zu gaufrieren. Eine schmale, glatte Walze, abschnittweise mit Druck über das (die gravierte Platte überdeckende) Leder gerollt, wird gute Erfolge zeitigen.

Vielleicht kommt die Zeit, wo auch die mit Bleitisch arbeitende Gaufriermaschine in ursprünglicher oder abgeänderter Konstruktion für den einen oder anderen Fall wieder zur Geltung kommt.

Hauptbestandteile der Gaufriermaschine.

Bevor ich zur Besprechung der einzelnen Maschinen und Verfahren übergehe, will ich, um Wiederholungen zu vermeiden, einige grundlegende Bestandteile, Einrichtungen, Maschinenteile und Handhabungen, die bei allen Gaufriermaschinen und bei der Gaufrage mit elastischer Gegenwalze wiederkehren, unter Beifügung von Abbildungen, eingehend erläutern und mit den fachbräuchlichen Ausdrücken belegen, damit die später folgenden Besprechungen der Maschinen und Verfahren erheblich gekürzt werden können, ohne an Verständlichkeit zu verlieren.

Die Gaufriermaschine, ob groß oder klein, besteht, kurz wiederholt, aus den beiden Seitengestellen, auch Ständer genannt, mit ihren Verbindungsstücken, Lagerkörpern, der Druckvorrichtung, dem Antriebsmechanismus, der Warenzuführung und der Warenabführung, der gravierten Walze und der Papierwalze, der Rapportträder und der Heizvorrichtung für Gas oder Dampf.

Die gravierte Walze liegt in der Gaufriermaschine in fast allen Fällen oben, d. h. über der elastischen Walze und direkt in Fühlung mit ihr.

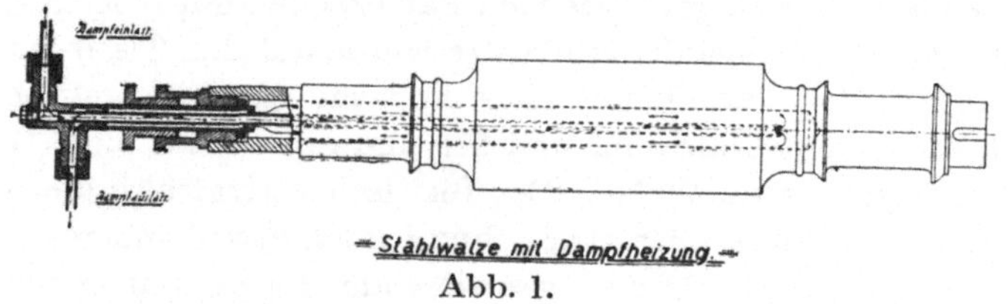

Abb. 1.

Zumeist ist die gravierte Walze ein Vollkörper mit Zapfen, sie ist massiv, wenn sie kalt arbeiten soll, dagegen hohl gebohrt, wenn sie zur Arbeit erwärmt werden muß. Die Erwärmung geschieht durch Dampf oder Gas. (Abb. 1 zeigt den Dampfheizungsapparat, der durch das obere Rohr den Frischdampf, überhitzt oder nicht überhitzt, zugeführt erhält, der weiter in die Walze hineingeleitet wird, dort seine Wärme abgibt, kondensiert und durch das weit in die Walze hineinragende Rohr dann als Kondenzwasser aufgenommen wird. Das Kondenzwasser wird nun durch das lange Rohr weitergeleitet zu dem nach unten gehenden Ausströmungsrohr, wo es abgeführt wird.) Die Stahlwalze ist an der, der Dampfeinströmung und Dampfausströmung entgegengesetzten Seite völlig

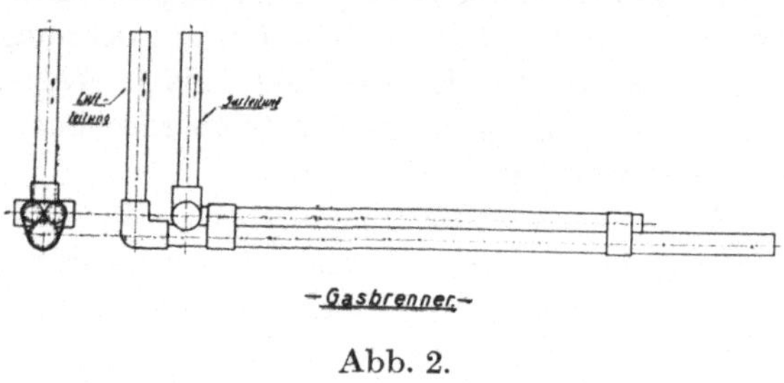

Abb. 2.

geschlossen, ist also nur zum Teil gebohrt, weil die vorsätzliche Erwärmung des Zapfens unsinnig wäre.

Der Gasbrenner wird durch Abb. 2 veranschaulicht. Er hat ein Luftrohr und darüber zwei kürzere Gasrohre, die auch geringer im Durchmesser sind als das Luftrohr. Die beiden Gasrohre haben eine gemeinsame Gaszuführung. Das Luftrohr und die beiden Gasrohre haben in der Breite der Arbeitsfläche der Metallwalze in Abständen von 30 mm kleine Ausströmungslöcher. Diese Löcher stehen sich alle drei genau gegenüber.

Die Luft wird durch ein Gebläse als Preßluft in das untere Rohr des
Brenners hineingepreßt. Das Gas wird in die beiden oberen, kleineren
Rohre gepreßt. Beide Zuführungen sind durch Hähne regulierbar. Der
Brenner wird in die ganz durchgebohrte Metallwalze eingeführt, deren
Bohrung nur wenig größer zu sein braucht, als der Kreisumfang des
Brenners. Luft und Gas werden nach dem Entzünden so einreguliert,
daß im Innern der Walze eine blau brennende Flamme sichtbar wird,
die in kurzer Zeit die Erhitzung der Metallwalze bis auf 150° und darüber
hinaus bewerkstelligt. Nicht immer ist die obere Walze eine Stahlwalze aus einem Stück, sondern oft liegt oben eine Stahlspindel mit
aufgeschobenem Stahl- oder Messingmantel. Dieser Mantel ist dem
Durchmesser der Stahlspindel entsprechend gebohrt und zur Verhütung
des Drehens auf der Spindel mit einer Nute, die der Keilfeder der Spindel
entspricht, versehen.

Diese Stahlspindel (Abb. 3) hat an einer Seite innerhalb der Zapfen
einen Bund, gegen den der Metallmantel anschlägt; an der anderen
Seite befindet sich ein Ge-
winde mit Mutter zum Be-
festigen des Metallmantels.
Solche Stahlspindeln wer-
den auch gebraucht, wenn
die gravierten Walzen oder
die gravierten Ringe schmäler sind als die Oberflächen-

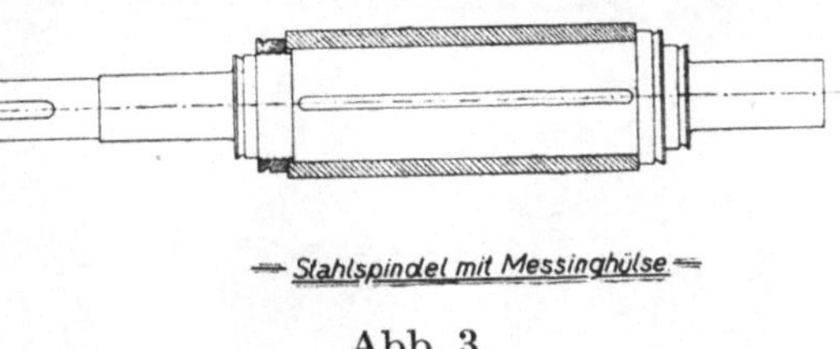

Abb. 3.

breite der Papierwalze; gegen diese müssen sie verschiebbar sein,
damit die Papierwalzenoberfläche in ihrer ganzen Breite ausgenützt
werden kann, z. B. bei der Gaufrage von Bändern. Beim Aufsetzen
schmaler Ringe auf breiteren Spindeln wird der fehlende Teil durch
Stellringe ersetzt.

Sofern dicke Stoffe oder flurige und pelzartige Gewebe gaufriert
werden sollen, ist es nicht notwendig, daß Metall- und Papierwalze in
einem genauen Umfangsverhältnis zueinander stehen, denn die Metallwalze kann wild auf der Papierwalze laufen, d. h. die Walzen brauchen
nicht durch Rapportträder miteinander verbunden zu sein. Zum rapport-
losen oder wilden Arbeiten paßt jeder Walzenumfang, da keine Negativbildung auf der Papierwalze verlangt wird. Wird aber Negativbildung
auf der elastischen Walze (die ich im weiteren Verlaufe stets einfach
Papierwalze nenne) verlangt, und muß die Stahlwalze in die Papierwalze
eingewalzt werden, so sind die sogenannten Rapportträder erforderlich.
Wie schon früher erwähnt, arbeiten Metall- und Papierwalze in einem
Umfangsverhältnis 1 : 1, 1 : 2 oder 1 : 3 zusammen; die Rapportträder
haben dementsprechend ihre Zähnezahl, damit ein fortwährendes genaues Zusammenfallen des Positivs mit dem Negativ erfolgt. Die

Rapporträder haben eine besondere Zahnform; diese ist tiefer als die sogenannte Evolventenverzahnung, weil die Rapporträder fast nie auf dem Teilkreis abrollen, sondern bei neuer Papierwalze über dem Teilkreis und bei abgenutzter Papierwalze unter dem Teilkreis. Für den Zweck des stets sicheren Wiederzusammenfallens des Positivs und des Negativs, falls die Zähne aus irgendeinem Grunde außer Eingriff gekommen sind, z. B. beim Wechseln der Walzen, haben zwei nebeneinander liegende Zähne des Papierwalzenrades je eine Marke und ein Zahn des Metallwalzenrades hat eine Marke. Greifen diese drei markierten Zähne nach einer Trennung wieder ineinander, so paßt auch positiv und negativ wieder zusammen. Es gibt verschiedene Arten von Rapporträdern: 1. solche mit geraden, in der Achsrichtung verlaufenden Zähnen (Abb. 4); diese werden am häufigsten verwandt; 2. solche mit schrägen Zähnen

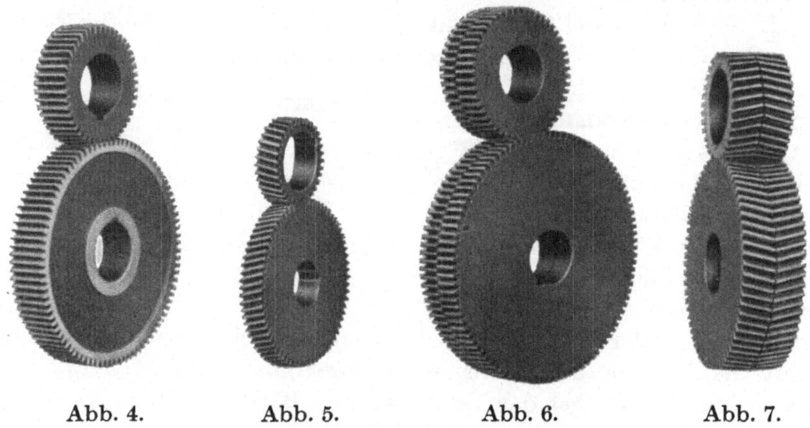

Abb. 4.Abb. 5.Abb. 6.Abb. 7.

(Abb. 5); sie verhüten das Abzeichnen der Zähne in Form von Streifen auf der Papierwalze, haben jedoch immer Seitendrang und sind daher nicht zuverlässig; 3. solche mit versetzten Zähnen (Abb. 6); diese sind zwar kostspielig, verhüten jedoch die Streifenbildung auf der Papierwalze und laufen außerordentlich ruhig, und 4. solche mit Winkelzähnen (Abb. 7); diese sind die teuersten, aber auch die zuverlässigsten Rapporträder. Um der auch bei Zahnrädern auftretenden Abnutzung entgegenzuwirken, werden die Zähne der Stahlräder vielfach gehärtet.

Die Druckvorrichtungen sind verschiedenartig und in drei Hauptgruppen einzuteilen.

1. Schraubendruck, auch stumpfer Druck genannt. In dem obersten Teile eines jeden Ständers ist eine Gewindemutter fest eingelassen, in die eine Gewindespindel eingepaßt ist, die an ihrem oberen Ende ein Handrad trägt. Durch Drehen der Handräder werden die Spindeln auf die Mitte der Lagerkörper gedrückt, diese drücken auf die Zapfen

der Metallwalze und damit die Metallwalze gegen die Papierwalze. Sobald die Maschine außer Betrieb gesetzt wird, muß der Druck abgestellt und die Metallwalze muß etwas von der Papierwalze abgehoben werden, so daß ein Luftraum zwischen den beiden Walzen entsteht. Zu diesem Zweck muß bei Linksdrehung der Druckspindeln das Lager mit der Stahlwalze gehoben werden. Die Abhebung wird erreicht durch eine Verbindung zwischen Druckspindel und Lager, mittels zwei, auf jeden Lagerkopf aufgeschraubten halben Ringen, die in eine Rille der Spindel eingreifen. Zur Richtschnur für die Einhaltung einer stets gleichmäßigen Druckgebung ist an jeder Druckspindel unter dem Handrad eine Zentimetereinteilung eingraviert und am Ständer ist ein Pfeil angebracht, so daß man unschwer an beiden Ständerseiten die richtige Druckstellung finden kann. (Abb. 55 gibt ein Bild der Schraubendruckvorrichtung.)

Die vorbeschriebene Einrichtung für stumpfen Druck kann dadurch in elastischen oder Federdruck gewandelt werden, daß man zwischen Lagerkörper und Druckspindel starke, aus Vierkantstahl gewundene Federn einschaltet, damit das Ende der Spindel nicht direkt auf den Lagerkörper, sondern auf die Feder drückt und durch mehr oder weniger kräftiges Zuschrauben einen regulierbaren elastischen Druck auf die Walzen ausübt. Die eingeschalteten Federn sind in Abb. 55 zu finden.

Mittels der erwähnten Handräder wird jedes der beiden Metallwalzenlager für sich und unabhängig vom anderen auf- und abwärts bewegt. Häufig ist es jedoch erwünscht und manchmal sogar Bedingung, daß beide Lagerkörper und damit die Walze gleichzeitig und genau gleichmäßig auf und ab bewegt werden müssen. Dazu bedient man sich der Parallelstellung, eine Einrichtung, die beide Druckspindeln gleichzeitig mit gleicher Geschwindigkeit in Drehung versetzt. Um dieses zu bewerkstelligen, wird auf jeder Druckspindel an Stelle des Handrades ein Wurm- oder Schneckenrad aufgesetzt. In jedes dieser beiden Räder greift je ein auf einer vor der Druckspindel gelagerten Welle aufgesetzter Wurm oder Schnecke ein (Abb. 40).

Auf der Welle ist am äußersten Ende ein Handrad befestigt. Durch Drehen dieses Handrades setzt jede Schnecke ihr Schneckenrad in Drehung und damit auch gleichzeitig beide Druckspindeln, so daß eine genaue parallele Auf- und Abwärtsbewegung beider Lagerkörper und damit der Walze bewirkt wird.

Im Gegensatz zum stumpfen Schraubendruck steht zweitens der elastisch wirkende Hebeldruck.

In früheren Zeiten war die Konstruktion sehr einfacher Art. Man verwendete an jedem Ständer einen 2—3 m langen Hebel, der mit einem Ende oben im Ständer auf einem Bolzen gelagert war. 10—20 cm von diesem Lager- oder Drehpunkt entfernt befand sich der Druckpunkt, und 2—3 m weiter wurde das Gewicht angehängt, so daß sich eine 10—15fache Übersetzung ergab. Diese Einrichtung, die infolge der anhängenden Gewichte Gefahr in sich barg und Versperrungen im Betriebe hervorrief, wurde durch die Konstruktion des Doppelhebelsystems vollständig verdrängt.

Das Doppelhebelsystem sieht oben an jedem Ständer einen Hebel mit 4facher Übersetzung und unten an jedem Ständer einen Hebel mit 10—15facher Übersetzung vor, so daß durch Verbindung beider Hebel eine 40—60fache Übersetzung erzielt wird (Abb. 15). Legt man auf den Unterhebel 100 kg auf, so ergibt das an dem Druckpunkt des Oberhebels, also auf dem Lagerkörper, je nach der vorliegenden Übersetzung, 4000 oder 6000 kg Druck. Man ist in der Lage, für jede Warengattung den Druck festzulegen; bei richtiger Gewichtsauflage ist man sicher, die vorgeschriebene Druckwirkung zu erhalten. Bei fortschreitender Abnutzung der Papierwalze oder falls dünnere Walzen eingelegt werden, würde der Unterhebel so tief sinken, daß er auf dem Boden aufläge, ohne Druckwirkung auf die Walzen auszuüben; beim Einlegen dickerer Walzen würde der Unterhebel gegen die obere Ständerwand emporsteigen, ohne das Lager so weit zu heben, daß es möglich wird, eine dickere Walze einzulegen. Diese Unzuträglichkeiten würden eintreten, wenn die Einstellvorrichtung zum Regulieren der Unterhebelstellung fehlte. Die Regulierung wird bewirkt durch die Druckspindel, die ihr Muttergewinde entweder im Kopf des oberen Lagerkörpers oder in der im Oberhebel eingelagerten Drucknuß oder im Handrad findet. Durch Drehen der Druckspindel, oder im anderen Falle des Handrades, reguliert man die Stellung des Unterhebels, bis er frei balanziert, also weder auf dem Boden aufliegt noch oben am Ständer anstößt. Der so frei schwebende Unterhebel übt seine volle Druckwirkung auf die Walzen aus.

Das in Abb. 15 gezeigte Doppelhebelsystem kennzeichnet den „Oberdruck", weil die bewegliche Metallwalze von oben nach unten gegen die unbeweglich festliegende Papierwalze gedrückt wird. Das umgekehrte Verhältnis wird mit „Unterdruck" bezeichnet. In diesem Falle liegt die Metallwalze fest im Lager, und die darunter liegende Papierwalze läßt sich heben und senken. Naturgemäß ist dann der Oberhebel unter der Papierwalze im Ständer angeordnet, jedoch immer über dem Unterhebel. Bei dieser Anordnung wird die Papierwalze von unten nach oben gegen die Metallwalze gedrückt. (Abb. 22 veranschaulicht den Unterhebeldruck, der dem Kalander ein äußerst gefälliges Aussehen verleiht.)

Zu diesen beiden Drucksystemen will ich auch gleich die Druckabhebevorrichtung beschreiben. Bei Schraubendruck müssen die sonst fest liegenden Lagerkörper der unteren Walze so eingebaut werden, daß sie auf- und abgleiten können; darunter liegt eine Welle, auf der zwei Exzenterscheiben aufgesetzt sind und auf denen die Lagerkörper ruhen. Arbeitet die Maschine unter Druck, so steht der höchste Punkt der Exzenterscheiben nach oben, soll der Druck abgesetzt werden, so wird mittels des Handhebels die Welle gedreht, die Lagerkörper folgen den absteigenden Exzentern und die Walze sinkt.

Bei Doppelhebeldruck besteht die gebräuchlichste Druckabhebevorrichtung aus einer Welle, die unter den Unterhebeln, möglichst nahe der Belastungsstelle, in den Ständern gelagert ist und am äußersten Ende einen Handhebel aufweist. Auf dieser Welle sitzen zwei Zungen, gerade unter den Hebeln. Will man plötzlich den Druck abheben, so dreht man die Welle durch Niederdrücken des Handhebels. Die Zungen greifen unter die Hebel und heben diese mit den Gewichten, der Zungenlänge entsprechend, 15—20 cm hoch und entlasten damit die Walzen vom Druck. Bei plötzlicher Druckgebung dreht man die Welle in entgegengesetzter Richtung, so daß die Hebel mit den Gewichten wieder frei schweben.

Diese letztere Entlastung genügt bei kalt arbeitenden Maschinen; wird die Metallwalze aber erhitzt, dann müssen die Walzen weiter voneinander entfernt werden, damit die Papierwalze im Ruhestande nicht anbrennt. Zu diesem Zwecke bildet man das Verbindungsstück zwischen Ober- und Unterhebel als Kniegelenk aus. Durch Ein- oder Ausschwenken dieses Kniegelenkes nähern oder entfernen sich die Walzen zentimeterweit, so daß eine Einwirkung der Hitze der Metallwalze auf die Papierwalze ausgeschlossen ist.

Als zuverlässigster und allen Ansprüchen gerecht werdender ist 3. der hydraulische Druck anzusprechen.

Mit wenigen Ausnahmen wirkt der hydraulische Druck gegen die Papierwalze und drückt diese von unten nach oben gegen die Metallwalze.

Unter jeden der beiden unteren Lagerkörper ist in den Ständern ein Preßzylinder eingesetzt, der einen durch eine Ledermanschette abgedichteten Druckkolben besitzt. Diese Kolben sind dem auszuübenden Druck angepaßt und haben kleineren oder größeren Durchmesser. Sie werden durch Wasserdruck gehoben und geben bei 1 Atm. 1 kg Druck je Quadratzentimeter Inhalt der Kolbenfläche. Z. B. ein Kolben von 10 cm Durchmesser hat 78,5 qcm Flächeninhalt und gibt bei 1 Atm. Wasserdruck 78,5 kg Druck gegen die Walzen, bei 100 Atm. Wasserdruck 7850 kg. Beide Kolben zusammen ergeben das Doppelte, gleich 15700 kg Druck gegen die Walzen. Diese Druckwirkungen kann man durch einfaches Einpumpen von Wasser in die Preßzylinder erzeugen; der in die Leitung eingeschaltete Manometer zeigt die Atmosphärenzahl an. Das einfache Einpumpen ist aber für die Praxis nicht durchführbar, daher bedient man sich eines Zwischengliedes, des Akkumulators.

Der Akkumulator besteht aus einem langen Preßzylinder, mit einem weitaus dünneren Kolben, als ihn die Preßzylinder unter den Lagerkörpern aufweisen. Haben die Kolben der Preßzylinder 10 cm Durchmesser, so hat der Kolben oder Piston des Akkumulators beispielsweise nur 2 cm Durchmesser; um aber für Druckgabe und Entlastung über genügend Wasserinhalt zu verfügen, hat er eine größere Tiefe als der Preßzylinder und der Piston ist dementsprechend länger.

Der Kolben oder Piston des Akkumulators wird mit Gewichten belastet, und zwar in der Menge, die dem verlangten Druck in Atmosphären und demzufolge in Kilogrammen entspricht. Folgendes Beispiel zeigt das Verhältnis und die Wirkungsweise zwischen Akkumulator und Druckzylindern unter den Walzen. Der Piston des Akkumulators von 2 cm Durchmesser hat einen Flächeninhalt von 3,14159 qcm. Belastet man diesen Piston mit 300 kg Gewicht, so ergiebt dies eine Atmosphärenzahl von 300, geteilt durch 3,14159 gleich 95,5 Atm. (rund gerechnet). Diese 95,5 Atm. drücken gegen die zwei Preßkolben von je 78,5 qcm Flächeninhalt, gleich 157 qcm, das ergiebt einen Druck von $157 \cdot 95,5$ $= 14993,5$ kg gegen die Walzen.

Pumpe, Manometer, Akkumulator und Preßzylinder sind durch Preßrohrleitung miteinander verbunden. Die Preßzylinder können durch ein besonders konstruiertes Steuerventil von der Wasserzufuhr abgesperrt werden. Die Pumpe, die mechanisch vom Gaufrierkalander aus oder auch von der Transmission angetrieben wird, drückt das Wasser in den Akkumulator, hebt den Piston mit den Gewichten hoch, und zwar so hoch, daß der Wasserinhalt genügt, die Preßkolben und damit die Lagerkörper mit der Papierwalze so hoch zu heben, daß sie mit der Metallwalze unter Druck zu stehen kommt. Damit die immerfort arbeitende Pumpe den Piston nicht aus dem Preßzylinder des Akkumulators herausheben kann, ist ein Regulierventil vorgesehen, das bei genügendem Hochstand des Pistons durch Kettenzug des Pistons geöffnet wird und das überschüssige Wasser abläßt. Bei modernen Kalandern wird die Pumpe derart mit dem Triebwerk verbunden, daß sie automatisch ausschaltet, wenn der Akkumulator gefüllt ist, und automatisch einschaltet, sobald der Piston mit den Gewichten sinkt. Will man nun die Walzen unter Druck setzen, so dreht man mittels eines Handhebels das oben angeführte Steuerventil und öffnet damit die Zuströmung des Wassers zu den beiden Preßzylindern, die sich unter den Lagerkörpern der Papierwalze befinden. Sofort nach dieser Drehung senkt sich der Piston mit seinen Gewichten und drückt den Wasserinhalt des Akkumulatorzylinders in die Preßzylinder. Sind die Preßzylinder gefüllt, dann hört das Sinken des Pistons mit den Gewichten auf, und die untere Walze drückt gegen die obere mit dem durch die Atmosphärenzahl und dem Quadratinhalt der Kolbenfläche zu errechnenden Druck.

Die auch jetzt weiterarbeitende Pumpe füllt nun wieder den Akkumulator, bis der Piston mit den Gewichten die gewollte Höhe wieder erreicht hat. Aus Abb. 8 sind die Eigenarten der Einrichtung für hydraulischen Druck zu ersehen.

Die unter Druck stehenden Walzen verrichten nun ihre Gaufrierarbeit bis zu dem Zeitpunkte, wo aus irgendeinem Grunde der Druck abgehoben oder abgelassen werden muß. Dieses geschieht, indem man das Steuerventil zurückdreht und damit den Ausfluß des Wassers aus den Preßzylindern der Maschine freigibt. Das Eigengewicht der unteren Walze drückt auf die Kolben der Preßzylinder und preßt das Wasser

aus den Zylindern heraus, indem sie sich schnell von der oberen Walze entfernt. Eine solche Operation dauert nur wenige Sekunden.

Der inzwischen wieder gefüllte Akkumulator, dessen Gewichte durch den Piston auch wieder gehoben wurden, wartet schon auf Tätigkeit, und sobald das Steuerventil wieder gedreht wird, fällt der Piston mit den Gewichten herunter, füllt die Preßzylinder, hebt die

Abb. 8.

untere Walze, und die Walzen stehen wieder unter Druck. Dieses Spiel wiederholt sich so oft, als die Nähte der Warenbahn oder sonstige Ursachen es erfordern. Druckerhöhungen oder Verminderungen werden durch Auflegen oder Abheben der Gewichte des Akkumulators erreicht.

Das Getriebe der Gaufriermaschine besteht gewöhnlich aus der Antriebswelle mit den Riemenscheiben, die durch Riemen mit der Transmission in Verbindung stehen. Eine dieser Scheiben sitzt fest gekeilt auf der Welle, während die andere als Losscheibe ausgebildet ist. Ein Ausrücker führt den Riemen von einer Scheibe auf die andere, je nachdem Betrieb oder Stillstand der Maschine es erfordern. Ein sehr oft angewandter Antrieb ist der Einscheibenantrieb, in Verbindung mit einer Friktionskupplung, der sich ganz besonders bei schweren Maschinen hervorragend bewährt. Auf der Antriebswelle sitzt ferner aufgekeilt das kleine Triebrad, auch Ritzel genannt, welches in das große Antriebsrad der Metallwalze eingreift. Die Zähne der Räder sind auf

der Räderfräsmaschine genau geschnitten, damit ein ruhiger Gang der
Maschine gewährleistet ist. Die Anordnung des Getriebes ist auf fast
allen Abbildungen ersichtlich.

Das Wechseln der Walzen ist beim Gaufrierkalander eine immer
wiederkehrende Arbeit. Das große Antriebsrad muß beim jedesmaligen
Wechseln von der Metallwalze entfernt werden, um auf die neu einzu-
legende Walze wieder aufgesetzt zu werden. Nach der alten Methode
wurde das Rad mit einem Hammer auf den Zapfen der Metallwalze auf-
geschlagen, und dann wurde der Keil eingeschlagen.

Auch das Abnehmen des Rades wurde unter Zuhilfenahme eines
Hammers ausgeführt. Unzählige Räder sind auf diese Weise zerstört
oder in ihrem genauen Laufe stark beeinträchtigt worden. Dieser Zu-
stand wurde aufgehoben, als das Antriebsrad mit geteilter Nabe erschien

Abb. 9.

(Abb. 9). Die sonst rundum geschlos-
sene Nabe ist an einer Stelle zwischen
den Speichenansätzen geteilt und hat
dort Vorsprünge zum Durchziehen
einer Schraube.

Die Ausbohrung des Rades wird
0,1—0,2 mm größer genommen als
der Zapfendurchmesser der Walze, und
in der Bohrung wird die Nute für
den Keil eingestoßen. Der Keil selbst
ist im Zapfen der Walze fest eingelassen und verbleibt dort. Das Rad
wird infolge seiner luftigen Bohrung
leicht auf den mit Keil ausgestatteten
Zapfen aufgeschoben, die an der Nabenteilung befindliche Schraube
wird angezogen, und die Nabe klemmt sich fest um den Zapfen, ohne
daß es eines Schlages oder Stoßes beim Aufsetzen bedurft hätte. Bei
der Abnahme des Antriebsrades löst man die Schraube an der Nabenteilung und zieht das Rad mit Leichtigkeit ab. Zum Ausgleich der
durch das Fest- und Losschrauben der geteilten Nabe entstehenden
Spannungen in den Speichen hat man diesen eine gebogene Form
gegeben.

Soll der Antrieb für verschiedene Geschwindigkeiten eingerichtet
werden, so tritt an Stelle der Los- und Festscheibe eine Stufenscheibe.
Die Stufenscheibe muß jedoch auf der Transmission oder einem Vorgelege ihre Gegenstufenscheibe haben.

Durch Umlegen des Riemens von einer Stufe zur anderen ändert
sich die Geschwindigkeit. Die Auflage auf der kleinsten Stufe der An-
triebswellenscheibe und der größten Stufe der Transmissionsscheibe
ergiebt den schnellsten Gang, umgekehrte Auflage des Riemens ergiebt

den langsamsten Gang der Maschine. Eine vollkommenere Einrichtung
ist das Wechselgetriebe mit Schieberädern, bei dessen Verwendung man
durch einfaches Verschieben der Räder mittels eines Schalthebels über
drei oder mehr verschiedene Geschwindigkeiten verfügen kann.

Die Aus- und Einrückung erfolgt entweder durch Klauenkupplung
auf der Antriebswelle oder durch Los- und Festscheibe auf dem Vorgelege.

Bei elektrischem Antrieb (Abb. 10) wird die Kraft vom Motor auf
die Antriebswelle entweder durch Riemen übertragen, oder durch direkten
Zahnradeingriff. Die Ingangsetzung oder Stillsetzung der Maschine
erfolgt am Anlasser des Motors.

Abb. 11 zeigt den Antrieb einer Gaufriermaschine durch eine
Zwillingsdampfmaschine. Seitdem der Elektromotor in die Erscheinung getreten ist, mußte die Zwillingsdampfmaschine mehr und mehr weichen, aber trotzdem gibt es auch heute noch Fälle, wo man in Ermanglung des elektrischen Stromes (bei ganz schweren Maschinen) sich der Zwillingsdampfmaschine bedienen muß. Sie arbeitet fast immer mit Zahnradübertragung auf das große Antriebsrad, seltener wird die Riemen

Abb. 10.

übertragung angewandt. Betrieb oder Stillstand wird am Dampfzuströmungsventil geregelt. Nur ungern greift man zu diesem Antrieb,
weil die Dampfmaschine infolge der ihr vorgeschriebenen Anpassung
an den Kalander nicht mit den Errungenschaften der Neuzeit ausgestattet sein kann, die einer regulären Betriebsmaschine eigen sind.
Aus diesem Grunde ist der Dampfverbrauch ein sehr hoher.

Das Einlegen und Auslegen der Walzen vollzieht sich infolge der
offenen Bauart der meisten Gaufriermaschinen sehr einfach. Die Lagerdeckel werden gelöst und die Walzen werden, solange sie leichtes Gewicht
haben, mit der Hand ausgehoben und auch so wieder eingelegt. Sind die
Walzen dagegen schwerer, so daß Seil- oder Flaschenzüge zum Heben
angewandt werden müssen, dann hat man die Gaufriermaschine mit

einem schwenkbaren Kran ausgerüstet (Abb. 12). Mittels dieser Aushebevorrichtung vollzieht sich der Walzenwechsel mit größter Leichtigkeit.

Eine weitere Abhebevorrichtung für schwere Antriebsräder ist in Abb. 12 veranschaulicht. Über eine Schiene läuft eine Rolle, an deren Zapfen ein Greifer hängt, der durch eine mit Links- und Rechtsgewinde versehene Mutter das Rad anhebt. Durch Handdruck schiebt man das Rad vom Zapfen ab und ist jeder Hebearbeit überhoben.

Das Einwaschen oder Einwalzen der Papierwalze.

Jede neue Papier- oder Baumwollwalze muß der mit ihr arbeitenden gravierten Walze in der Oberfläche angepaßt werden, damit beim Gau-

Abb. 11.

frieren die Ware überall mit gleichem Druck bearbeitet wird. Diese Anpassung geschieht durch das Einwaschen. Alle Walzen, die sich unter Druck gegeneinander abrollen und die nicht durch starke Gegenwalzen gestützt sind, biegen sich durch, und zwar um so mehr, je dünner sie selbst sind. Diese Durchbiegung ist selbst bei starken Walzen genügend, um eine gleichmäßige Auflage nicht zuzulassen. Zylindrisch gedrehte Walzen werden, sobald sie unter Druck arbeiten, nur an den Seiten stark pressen, die Mitte hat keinen Druck. Die gravierte Walze muß zylindrisch bleiben, ihre Oberfläche darf sich nicht ändern, also muß die Anpassung bei der Papierwalze gesucht werden. Einigermaßen wird dieser Anpassung schon beim Abdrehen oder Schleifen der Walze Rechnung getragen, indem man sie nach den Seiten zu etwas konisch dünner dreht oder, wie der technische Ausdruck sagt, etwas ballig dreht. Das genügt jedoch nicht; die vollständige Anpassung muß in der Gaufriermaschine selbst erfolgen, und zwar müssen beide Walzen unter dem Arbeitsdruck und der Arbeitshitze so lange laufen, bis eine gleichmäßige Auflage eingetreten ist. Während des Einlaufens wird die Papierwalze abwechselnd einige Minuten gewaschen, und nachdem sie vollständig gefeuchtet ist, läßt man sie trocken laufen. Dies wiederholt sich so oft, bis die Anpassung vollständig ist.

Bei wild laufenden Walzen geht das Einwaschen sehr schnell vonstatten, so daß man in einer halben Stunde das Ziel erreicht haben kann. Zeitraubender ist es bei Reliefmustern, wo das Negativ in der Papierwalze erzeugt werden muß. Je nach Tiefe der Gravur kann es mehrere Tage dauern, ehe das Negativ unter fortgesetztem Wechsel zwischen Waschen und Trockenlaufen in der Papierwalze vollkommen erreicht ist. Hat die Papierwalze jedoch einmal die passende Oberflächenform angenommen, sei es nun als wilde Walze oder als Rapportwalze, so bedarf es beim Wiederbeginn der Arbeit stets nur weniger Minuten des Waschens, bis die

Abb. 12.

Walze wieder arbeitsfähig ist. Das Waschen mit reinem Wasser erfolgt mittels eines Schwammes oder eines reinen Lappens, jedoch nur an der Auslaufseite der Walzen, niemals an der Einlaufseite, da die große Gefahr besteht, daß Schwamm, Lappen oder Hand zwischen die Walzen geraten. Es ist nicht ratsam, die Papierwalze während des Einwaschens in Wasser, das sich in einem Becken unter der Walze befindet, laufen zu lassen, denn beständige Nässe weicht den Papier- oder Baumwollbezug so sehr auf, daß die Oberfläche der Walze pappig wird und an Widerstandsfähigkeit erheblich verliert.

Nunmehr kann ich dazu übergehen, den Behandlungsarten der einzelnen Stoffe näherzutreten und die angewandten Verfahren, sowie die dazu benötigten Maschinen und Einrichtungen einzeln zu beschreiben.

Verfahren und Maschinen für Gaufrage.

Die Maschinen, die zur Gaufrage der vielen verschiedenen Warengattungen gebraucht werden, richten sich in ihrer Bauart und Größe stets nach den Maßen der zu gaufrierenden Ware, so daß in den Größenverhältnissen der Maschinen außerordentliche Unterschiede auftreten. Die kleinste Maschine kann man bequem tragen, die größte benötigt einen Eisenbahnwagen zu ihrem Transporte.

Um nun eine übersichtliche Anordnung in der Reihenfolge eintreten zu lassen, will ich mit den kleinsten Maschinen beginnen und langsam aufwärts gehen, bis schließlich die schweren und schwersten Maschinen zur Besprechung gelangen. Diese Reihenfolge kann jedoch nur immer innerhalb der Besprechung der Maschinen für bestimmte Warengattungen eingehalten werden, da fast jede dieser Gattungen sowohl kleiner als auch großer Maschinen bedarf.

Gleichzeitig und im Zusammenhang mit der Besprechung der Maschinen erfolgt auch die Besprechung der Verfahren zur Behandlung der verschiedenen Warenarten mittels Gaufrage oder verwandter Veredlung. Durch beigefügte Abbildungen, auf die in der Besprechung Bezug genommen wird, soll das Verständnis für die Gaufrage noch vertieft werden.

Bandgaufrage.

Abb. 13 veranschaulicht eine der kleinsten Maschinen, wie sie zur Gaufrage von Bändern benutzt werden. Die Maschine wird heute noch manchmal mit Handbetrieb ausgeführt, da sie in einzelnen Fällen in der Hausindustrie Verwendung findet. An die Stelle der Handkurbel und des Schwungrades treten Los- und Festscheibe, sobald Kraftbetrieb gefordert wird. In den unteren Lagern liegt eine Papierwalze, darüber (anstatt der auf der Abbildung ersichtlichen Vollwalze) eine Stahlspindel, auf welche ein passend gebohrter Ring aus Stahl oder Messing, der die Gravur trägt, aufgeschoben und mittels Stellringen in die richtige Seitenstellung gebracht wird. Das Ganze wird mit der zur Spindel gehörigen Mutter fest zusammengeschraubt.

Der auf die Spindel aufgeschobene Ring ist bedeutend schmäler als die darunterliegende Papierwalze. Dieses Mißverhältnis ist nur ein scheinbares, denn der gravierte Ring muß die Breite des zu gaufrierenden Bandes haben und die Papierwalze muß für alle Bandbreiten geeignet sein.

Wollte man für jede Bandbreite eine besondere Maschine bauen, so hätte der Bandgaufreur statt einer deren zehn nötig. Die meist gebräuchliche Bandgaufriermaschine hat 30 cm Walzenoberflächenbreite, damit kann man sowohl breite als auch schmale Bänder gaufrieren. Bei schmalen Bändern nutzt man die Papierwalze abschnittweise aus, indem man so lange eine Stelle der Papierwalze benutzt, bis sie dort abgenutzt ist, d. h. zu dünn geworden ist. Ist dieser Fall eingetreten, dann versetzt man den gravierten Ring an die danebenliegende Stelle und arbeitet, als ob man eine ganz frische Walze in Benutzung nähme.

Zur Reliefprägung (mittels der negativen Walze), die bei nicht flurigen Geweben fast ausnahmslos angewendet wird, sind Spindel und Papierwalze durch Rapportträder verbunden. Meistens nimmt man bei der Bandgaufrage Papierwalzen, die im Umfange gleich sind dem Umfange des gravierten Ringes. Die Zugabe von 3 % im Umfange der Papierwalze darf jedoch nicht vergessen werden.

Verringert sich infolge des Arbeitens der Umfang der Papierwalze so weit, daß er 3 % unter dem Umfange des gravierten Ringes liegt, so ist die Papierwalze an der Stelle zu dünn geworden, und der gravierte Ring muß auf eine frische Stelle der Papierwalze gesetzt werden. Dort wird das Dessin von neuem eingewalzt, und sobald das Negativ vollkommen heraus ist, kann mit der Gaufrage wieder begonnen werden.

Zuweilen nimmt man auch bei der Bandgaufrage Papierwalzen, die den doppelten Umfang, plus der erforderlichen Zugabe (bis zu 3 %), aufweisen, besonders dann, wenn es sich um die Gaufrage diffiziler Dessins auf ganz breiten Bändern handelt. Außerdem nimmt man für breite

Abb. 13.

Bänder statt der aufzuschiebenden Hülse eine vollständige Stahlwalze mit Zapfen, aus einem Stück Stahl gebohrt und gedreht. Die Sicherheit des Arbeitens wird dadurch entschieden erhöht. Der Druck auf die Walzen kann entweder durch Hebel oder durch Schrauben ausgeübt werden.

Die Heizung erfolgt durch Gas. Im Kleinbetrieb und in den Fällen, wo das Gas nicht zur Verfügung steht, behilft man sich noch mit der Bolzenheizung, indem man Eisenbolzen in einem Ofen rotglühend macht und dann in die Bohrung der Walze oder der Spindel einschiebt; beim Erkalten werden sie durch glühende ersetzt. Sobald man mit der Heizung beginnt, muß die Walze ohne Druck in Umdrehung versetzt werden, da sonst eine einseitige Erwärmung stattfindet und die Walze oder Spindel sich krumm ziehen würde.

Hat der gravierte Ring oder die Walze die gewünschte Wärme (sei es nun 100 Grad oder mehr) erlangt und hat sich der Gaufreur überzeugt, daß die Rapporträder richtig zueinander stehen, daß also die markierten Zähne ineinander greifen, so kann Druck gegeben werden.

Während des Laufens, unter abwechselndem Waschen, wird sich in kurzer Zeit der Beginn des Negativs der Gravur in der Papierwalze zeigen. Wenn das Dessin vollkommen eingewalzt ist, kann mit der Gaufrage begonnen werden. Selbstredend ist die Wärme der gravierten Walze stets zu kontrollieren und der Brenner an den Luft- und Gashähnen so zu regulieren, daß ein stärkeres oder schwächeres Brennen je nach Bedarf bewirkt wird.

Abb. 14.

Die zu gaufrierenden Bänder, die fast ausnahmslos vorher auf der Schneidemaschine aus dem vollen Stück herausgeschnitten wurden und in einem Korb liegen, falls sie nicht auf Spulen aufgewickelt wurden, werden von diesem Korbe aus durch die vor dem Einlauf liegenden Spannstäbe oder Führungsstäbe geleitet, zwischen die Walzen gelassen, erhalten hier die Musterung und fallen hinter den Walzen wieder in einen Korb und werden von diesem aus zum Versand fertiggemacht. Das Aufrollen der gaufrierten Bänder wird möglichst vermieden, weil durch zu festes Aufrollen die Reliefmusterung Schaden leiden könnte.

Will man im Gegensatz zu den vorbesprochenen Seiden-, Baumwoll- oder Wollbändern flurige Bänder aus Plüsch, Samt, Velvet oder pelzartig gerauhtem Stoff gaufrieren, so ist das Verfahren genau dasselbe, bis auf die Verwendung der rapportierenden Papierwalze.

Bei den flurigen und gerauhten Bändern wird nicht die ganze Fläche überpreßt, sondern es werden nur einzelne Partien in Form eines Musters völlig niedergepreßt, so daß ein Teil der Bandoberfläche das samt- oder pelzartige Aussehen behält und die niedergepreßten Stellen wie glattes Gewebe aussehen. Die Pressung fluriger oder pelzartiger Bänder kann auf einer wild laufenden Papierwalze mit beliebigem Umfange vorgenommen werden und bedarf keiner Rapporträder. Besonders die nicht flurigen, geschnittenen Bänder haben die Neigung, an den Kanten auszuriffeln; um dem vollständig vorzubeugen, werden die Kanten der Bänder mittels eines vor den Walzen angebrachten Säumapparates etwa 2—4 mm breit umgelegt und beim Durchgang durch die Walzen festgepreßt.

Wie schon gesagt, werden die zu gaufrierenden Bänder meistens aus breiten Stücken herausgeschnitten, und zwar mit der in Abb. 14 gezeigten Bandschneidemaschine.

Die Bandschneidemaschine,

die der Warenbreite angepaßt ist, hat oben in den Seitengestellen eine Stahlspindel gelagert, auf der, den Bandbreiten entsprechend, gehärtete Stahlschneideräder, durch Stellringe in ihrer Stellung gehalten, mittels der seitlichen Mutter festgeschraubt sind. Unter jedem Schneiderad befindet sich ein verstellbarer Kasten, 7—10 mm breit, der eine auf einem gehärteten Stahlzapfen laufende gehärtete Stahlrolle trägt. Jeder Rollenkasten hat seinen eigenen Hebel mit Gewicht, der die Rolle gegen das Schneiderad drückt. Die Ware wird durch die Führungs- und Spannstäbe hindurch zwischen Schneideräder und Gegenrolle geführt und dort beim Rundgang der Spindel zu Bändern zerschnitten. Die geschnittenen Bänder werden über eine Abzugwalze in einem am Boden stehenden Korb geführt und von dort aus später zur Gaufriermaschine gebracht, oder ungaufriert in schneller Arbeit auf Röllchen versandfertig gespult.

Die Schneideräder haben glatten oder gezackten Schnitt, manchmal auch neben dem glatten oder gezackten Schnitt noch ein graviertes Rippchen, das sich beim Schneiden auf der Bandkante aufpreßt, um den Anschein einer gewebten Kante zu erwecken. Schnitte ohne Rippskäntchen werden gewöhnlich kalt ausgeführt, Schnitte mit Rippskäntchen erfordern Hitze, dafür ist die Spindel hohlgebohrt und ein Gasbrenner beigeliefert. Die Maschine schneidet sowohl glatte als auch flurige und pelzartige Gewebe.

Damit das Ausriffeln der Kanten einigermaßen verhindert wird, werden die Bänder nach dem Schneiden an einem Gummierapparat vorbeigeführt, der die Kanten verklebt.

Diese Schneidemaschine ist in ihrer Arbeitsweise insofern beschränkt, als sie keine Bänder zu schneiden vermag, die schmäler sind als die Unterkasten. Die schmalsten Unterkasten und dementsprechend die Bänder sind 7—8 mm breit; will man schmälere Bänder schneiden, so bedient man sich der Kolbenschneidemaschine.

Die Kolbenschneidemaschine,

weist ein ähnliches Gestell wie Abb. 13 auf. An Stelle der oberen Vollwalze liegt eine Achse, auf welcher der gehärtete Stahlschneidekolben befestigt ist. Dieser Kolben ist etwa 100 mm breit; er zeigt über seine ganze Breite eine Anzahl in gleichen Abständen nebeneinander liegender Schnitte, die in die Kolbenfläche eingedreht und geschliffen sind.

Die breitesten Schnitteinteilungen betragen etwa 10 mm, die schmalsten etwa 2 mm. Für jede Bandbreite ist ein besonderer Schneidekolben erforderlich. Unter dem Schneidekolben (wo in Abb. 13 die Papierwalze liegt) ist eine Achse eingelagert, die den Gegenkolben trägt. Der Gegenkolben ist, wie der Schneidekolben, aus feinstem Stahl, gehärtet und sauber geschliffen; beide Kolben haben gleichen Durchmesser.

Die Kolben sind durch Zahnräder miteinander verbunden und stehen unter Hebel- oder Schraubendruck von solcher Stärke, daß er gerade genügt, um das Gewebe durchzuschneiden oder besser gesagt durchzudrücken und in schmale Bändchen zu zerteilen. Nicht nur Kolben mit glatten geraden Schnitten werden in dieser Maschine verwendet, sondern auch Kolben mit gemusterten Schnitten, zu denen Blumen, Blätter, Arabesken, Ornamente und geometrische Figuren als Vorlage dienen, werden als Schnitte graviert, die in sich geschlossen sind, so daß das Muster nach dem Schneiden aus dem Bande herausfällt und sich dort ein Luftraum bildet.

Im Verbrauch werden diese Bänder auf andersfarbigen Stoffen aufgenäht oder aufgeklebt. In den Ausschnitten (Lufträumen) tritt dabei die andere Farbe in die Erscheinung, so daß schwarzes Band mit Blattausschnitten auf grüner Unterlage die Wirkung grüner Blätter im schwarzen Feld vortäuscht. Kreisausschnitte in dunklem Band auf weißer Unterlage ergiebt die Wirkung von Stickerei und so fort. Der Schöpfung verschiedenartigster Effekte ist hier ein großes Feld geboten. Hauptsächlich wurde bisher Samt- und Velvetband mit Ausfallmustern geschnitten; als Unterlage wurde Atlasseide verwendet.

Die Ausfälle, die Blätter, Blumen und andere Figuren darstellen, sind nun nicht etwa verloren, im Gegenteil, sie werden gesammelt, und nachdem ihr Rücken mit einer Klebeschicht bestrichen ist, werden sie auf andersfarbige Stoffe aufgeklebt, wo sie dann als erhaben aufliegende Motive erscheinen. Verwandt mit der Bandgaufrage ist die

Rüschengaufrage

und die gleichartige Herstellung ähnlicher Besatzartikel. Alle diese Artikel verlangen stets ein so hohes Relief, daß es nicht ratsam ist, die Gaufrage mittels Papierwalze vorzunehmen, die Gaufrage zwischen zwei Metallwalzen ist hier vorzuziehen.

Hat man das bekannte Rüschenmuster auszuführen, so genügen zwei Rippenwalzen, die das Gewebe in hohe Falten legen. Neben diesem

Rippenmuster gibt es aber noch eine Unmenge von anderen Mustern in Form von Pyramiden, Kugeln, Wellen, Geflechten, Blumen usw.

Diese gemusterten Hochprägungen werden alle zwischen zwei genau ineinander passenden Metallwalzen unter Anwendung von Hitze und entsprechendem Druck ausgeführt. Damit die mit Hochrelief zu versehende Ware etwas Geschmeidigkeit verlangt, wird sie vor der Gaufrage etwas gefeuchtet oder gedämpft.

Eine besondere Art Hochreliefprägung wird auch bei Kopftüchern vorgenommen. Bei diesen wird jedoch nicht die ganze Fläche gaufriert, sondern nur die Ränder in einer Breite von 6—8 cm. Gewöhnlich sind es zwei diagonal gerippte Walzen aus Stahl oder Messing, 60—80 mm Durchmesser, 15% länger als die halbe Kopftuchbreite und für Heizung hohlgebohrt. Auf eine der Walzen ist eine Handkurbel aufgesetzt, womit die beiden ineinander liegenden Walzen in Umdrehung versetzt werden. Das zu gaufrierende Kopftuch wird zweimal zusammengefalten, so daß es nur ein Viertel der ursprünglichen Größe zeigt. In diesem zusammengefalteten Zustande liegen an zwei Seiten die Falten des Tuches und an den anderen zwei Seiten die vier Tuchkanten.

Das so gefaltene Tuch wird zwischen die Walzen geführt, und zwar zuerst eine der Tuchkantenseiten. Die Walzen werden gedreht, und nachdem das Tuch 60—80 mm in die Walze hineingelangt ist, erfolgt die Rückwärtsdrehung. Nachdem die Walzen das Tuch wieder freigegeben haben, wird es um ein Viertel gedreht und dann die zweite Tuchkantenseite in gleicher Weise behandelt wie vor. Faltet man nun das Tuch auseinander, so sieht man, daß alle vier Kanten das durch die Gravur der Walzen vorgeschriebene Muster tragen; der innere Teil des Tuches blieb vollständig unbeeinflußt.

Zur Musterung der Kopftücherkanten können außer dem gebräuchlichen Rippenmuster alle erdenklichen anderen Musterungen verwandt werden, solange sie sich für den Zweck eignen.

Das Gaufrieren von Seiden- und Halbseidenwaren

wird, da ihre Breite selten über 1 m hinausgeht, auf zweiwalzigen Gaufrierkalandern vorgenommen.

Abb. 15 zeigt die Gaufriermaschine mit Doppelhebeldruck von oben, wie sie für die schmäleren Waren bis zu 80 cm zur Anwendung kommt.

Die Maschine ist mit einer Spindel zur Aufnahme von gebohrten Walzen, auch Hülsen genannt, ausgestattet. Bei weniger diffizilen Dessins ist die Anwendung der auf die Spindel aufgeschobenen Hülse praktisch und billig, auf genaues Arbeiten kann dieses System jedoch keinen Anspruch machen, weil Spindel und gravierte Walze zwei Teile sind. Ein weiterer Übelstand ist darin zu finden, daß das Rapportrad beim jedesmaligen Walzenwechsel mit gewechselt werden muß.

Aus diesen Gründen nimmt man in neuerer Zeit, wenn nicht zwingende Gründe dagegen sprechen, lieber die ungeteilte Walze, also Stahlwalze mit Zapfen aus einem Stück, da hierbei Verschiebungen irgendwelcher Art zwischen Gravur und Achse ausgeschlossen sind. Das zur Walze einmal bestimmte Rapportrad bleibt in diesem Falle unverrückbar mit der Walze verbunden. Die Heizung bei der Gaufrage von Seiden- und Halbseidenwaren wird durch Gas bewirkt, da gewöhnliche Dampfhitze nicht genügt.

Stets wird mit rapportierender Papierwalze, die sich zum Negativ der gravierten Walze ausbildet, gearbeitet, weil es sich bei der Gaufrage

Abb. 15.

dieser Waren immer darum handelt, die ganze Fläche des Gewebes durch erhabene Prägung zu verändern, sei es nun durch einfache Rippenprägung, Blumen, Ornament, Krepp- oder Moirémusterung.

Vor dem Gaufrieren wird die Ware stets mehr oder weniger appretiert, gedämpft oder gefeuchtet, weil sie ohne diese Vorbereitungen nicht den für die weitere Verwendung erwünschten Griff haben würde. Die bei fast allen Musterungen angewandten Riffel- oder Fondpartien müssen so angelegt sein, daß die Rippen den im Gewebe oben aufliegenden Fäden (meistens Kettfäden) entgegengesetzt laufen oder wenigstens diagonal zu diesen, weil sonst ein sehr mangelhafter Effekt erzielt wird oder falsche Moirébildung entsteht, die unbedingt zu vermeiden ist.

Die zu gaufrierende Ware liegt auf einem Holzbaum aufgerollt in den Abrollagern mit der Bremsvorrichtung, sie wird durch die Leit- und Spannstäbe geführt, passiert die Walzen, wo sie das gewünschte

Dessin erhält, und wird durch die Aufrollvorrichtung hinter der Maschine wieder auf einen anderen Holzbaum aufgerollt. Das Aufrollen ist jedoch nur bei ganz flach gehaltenen Mustern zulässig. Bei Mustern, wo hohes Relief vorliegt, würden durch das Aufrollen die hochliegenden Stellen geplättet werden. Zur Vermeidung dieses Übelstandes läßt man die gaufrierte Ware in einen Korb fallen.

Bei breiteren Waren würde die Maschine (Abb. 15) nicht mehr genügen, denn je breiter die Walzen, um so stärker müssen sie ausgeführt werden. Genügt bei 70 cm Breite der gravierten Walze ein Durchmesser von 140 mm, so steigt dieser bei 80 cm Breite auf 150 mm, bei 90 cm Breite auf 160 mm und bei 100 cm Breite auf 170—180 mm Durchmesser.

Zum Wechseln der schweren Walzen eignet sich besser der Gaufrierkalander mit Doppelhebeldruck von unten, daher zieht man diesen für größere Breiten vor. (Abb. 22 zeigt einen solchen Kalander.)

Die Arbeitsweise auf diesem Kalander ist die gleiche wie auf dem schmäleren Kalander. Die Geschwindigkeit, mit der die Ware durch die Walzen geht, schwankt zwischen 10 und 20 m in der Minute, die angewandte Wärme zwischen 120 und 150° C. Der Druck bewegt sich zwischen 400 und 700 kg je 10 cm Walzenbreite. Genaue Angaben sind nicht möglich, da für jede Ware und fast jedes Muster besondere Einstellungen erforderlich sind, die sich auf Erfahrungen aufbauen.

Eine Sonderstellung bei den Seidenwaren nimmt die

Gaufrage von Trauerkrepp

ein. Es ist weniger die Gaufrage selbst, die sich genau so vollzieht wie die der übrigen Seidenwaren, als die Vorbereitungen dazu und die Nachbehandlung. Die Ware, die für Trauerkrepp verwandt wird, ist ein schwarz gefärbtes Gewebe mit taffetartiger Bindung, das in der Färberei und der Appretur schon zweckentsprechend vorbereitet wird. Das so vorbereitete Gewebe wird nun vor der Gaufrage auf einem Spannrahmen so verzogen, daß der Schuß aus seiner geraden Lage in eine diagonale Lage übergeführt wird. Durch diese Operation verliert das Stück erheblich in der Breite. In diesem Zustande wird die Ware durch die Gaufriermaschine geschickt. In der Gaufriermaschine liegt, wie bei Abb. 22 veranschaulicht, oben die gravierte Walze, unten die Papierwalze, beide durch Rapportträger verbunden. Heizung und Druck sind in bekannter Weise angeordnet.

Die gravierte Walze trägt das Kreppdessin, jedoch nicht in der Diagonale von 45°, wie es das verkaufsfertige Krepp zeigt, sondern nur in einer Diagonale von 15° und entgegengesetzt der Richtung verlaufend, in der die verzogenen Schußfäden liegen. Die Schußfäden und die Krepprichtung der Gravur kreuzen sich also in ihren Berührungspunkten. Der Zweck dieser eigenartigen Vorbereitung wird später noch zu erklären sein.

Die Gravur auf der Walze ist völlig verschieden von dem zum Schluß in die Erscheinung tretenden Gaufrageeffekt. Die Kreppgruben, die zwischen den einzelnen Erhöhungen liegen, sind um etwa 50% kürzer graviert, als der Effekt des Gewebes ihn zeigt, und die Teilung der Rippen ist erheblich gröber als beim fertigen Endprodukt.

Abb. 16.

Zunächst will ich jetzt erläutern, weshalb die Gravur nicht in 45^0 diagonal ausgeführt wird.

Bei der Tiefe der Krepprippen würde die Ware über ihre ganze Fläche zerreißen, wenn die Gravur in 45^0 diagonal läge, da eine außergewöhnliche Längung des Schußfadens erforderlich wäre, wenn er in seiner ursprünglichen Querlage in die tiefen Rippen der Gravur hineingepreßt würde. Eine solche Längung kann der Faden nicht ertragen, er zerreißt. Aus diesem Grunde wird die Gravur auf etwa 15^0 diagonal verlegt, weil die Rippen dann fast in der Achsrichtung der Walze liegen und keine nennenswerten Querzerrungen mehr ausüben können. Zudem hat der Schußfaden nicht mehr die Querlage, sondern liegt diagonal, also halb Längsrichtung, so daß die Walzen sich mit Leichtigkeit das Material vom Abrollbaum holen können, um es ohne Schwierigkeiten zu tiefen Rippungen zu formen.

Das aus dem Gaufrierkalander austretende Gewebe gleicht nun der Gravur der Walze, ist aber in diesem Zustande unverkäuflich. Die Ware ist erstens zu schmal, zweitens liegt der Schußfaden noch diagonal, drittens hat das Muster — also die Kreppung — noch nicht die richtige Form und Lage. Um das Gewebe verkäuflich zu gestalten, wird es nach der Gaufrage wiederum auf den Spannrahmen genommen und zurückverzogen, damit die Schußfäden wieder in ihre ursprüngliche Querlage zu liegen kommen. Jetzt geht die eigentümliche Veränderung mit dem Gewebe und dem Muster vor sich, die die Ware erst verkäuflich macht.

Durch das Geradelegon des Schusses verbreitert sich vor allen Dingen die Ware wieder auf das ursprüngliche Maß, gleichzeitig nimmt die vorher 15⁰ betragende Diagonale der Kreppung eine Lage von etwa 45⁰ diagonal an. Die Musterung, d. h. die Gruben und die Rippen ziehen sich dabei um das Doppelte in die Länge, und die Teilung der Rippung wird bedeutend enger, so daß dann erst der wundervolle Effekt, der Trauerkrepp auszeichnet, in die Erscheinung tritt.

Eine vollständig physikalische Veränderung ist mit dem Gewebe vorgegangen. Zwischen dem Gaufrageeffekt, der nach der Schluß-

Abb. 17.

operation vorliegt, und der Gravur, die ihn ursprünglich hervorrief, ist kaum noch eine Ähnlichkeit festzustellen.

Die Abb. 16 zeigt den Gaufrageeffekt, den die gravierte Walze der Ware verlieh; Abb. 17 den Effekt, der nach der Schlußoperation, also nachdem der schräg liegende Schuß wieder gerade gezogen wurde, eintritt.

Die Gaufrage von Samt, Plüsch, Velvet und gerauhten Geweben.

Bei keiner anderen Warengattung ist die Gaufrage so vielseitig als bei der jetzt zur Besprechung stehenden.

Die einfachste und ursprünglichste Art ist die einfache Niederpressung der Flur oder des Pelzes mit einer gravierten Walze, auf der die Preßstellen hoch liegen und die nicht pressenden Stellen so tief eingraviert sind, daß sie mindestens 2 mm tiefer liegen als die Flurhöhe.

Die Oberfläche der gravierten Walze, die die Flur niederpreßt, ist entweder glatt oder mit einer gewebeähnlichen Rippen- oder Fondgravur versehen, die den gaufrierten Stellen das Aussehen eines gewebten Untergrundes verleiht, während die übrigen, in der Walze tief liegenden Stellen, die Flur in der natürlichen Form belassen.

Diese einfache Gaufrage wird auf leichten Geweben, in den geringeren Breiten bis zu 80 cm gewöhnlich auf einer zweiwalzigen Maschine (Abb. 15), vorgenommen. Für breitere Waren wählt man den dreiwalzigen Kalander (Abb. 18), oben und unten Papierwalze, dazwischen die gravierte Walze.

Die gravierte Walze ist eine Messinghülse, die auf einer Stahlspindel

Abb. 18.

aufgeschoben ist. Man nimmt deshalb Messing, weil die tiefen Gravuren sich schneller und billiger in Messing als in Stahl herstellen lassen. Infolge der Stützung durch die obere und die untere Papierwalze kann die Messingwalze geringen Durchmesser behalten, weil bei ihr in dieser Lage ein Durchbiegen nicht zu befürchten ist.

Nur in wenigen Fällen wird bei flurigen und pelzartigen Geweben die Rapportprägung verlangt; die große Menge der Waren wird mit wild laufender Papierwalze gaufriert.

Solange es sich um Ware handelt, die mit leichtem Druck gaufriert werden kann, genügt der einfache, zweiwalzige oder dreiwalzige Kalander, wird aber schwerer Druck verlangt, so daß die Papierwalze Eindrücke durch die Preßstellen der Gravur davontragen könnte, dann ist es ratsam, unter der Papierwalze eine Trag- und Glättwalze einzubauen, die den ganzen Walzendruck aufnimmt und die Oberfläche der Papierwalze eben erhält. (Abb. 19 veranschaulicht die Maschine mit eingebauter Trag- und Glättwalze.)

Nur die gravierte Walze wird geheizt, die Trag- und Glättwalze bleibt kalt.

Auf dem unter den Walzen liegenden Holzboden wird die flurige Ware, die nicht gerollt werden darf, getafelt hingelegt, geht von dort durch die Walzen und legt sich hinter den Walzen wieder in Faltenlagen auf den Holzboden.

Ganz besonders schweren Druck verlangen die aus sprödem Material

Abb. 19.

hergestellten Plüsche für Möbelbezüge. Die Waren bis zu 80 cm werden auf zweiwalzigen, die breiteren Waren auf dreiwalzigen Kalandern gaufriert. Die Trag- oder Glättwalze unter der unteren Papierwalze ist hierbei unnötig, weil die Dicke des Materials, selbst bei kleinen Unebenheiten in der Oberfläche der Papierwalze, ausgleichend wirkt.

Gerauhte Waren, die gewöhnlich in Breiten über 1 m hergestellt werden, gaufriert man auf dreiwalzigen Kalandern mit selbsttätiger Tafelvorrichtung. Es wäre zu anstrengend für einen Arbeiter, die breite Ware mit der Hand in Faltenschichten aufeinanderzulegen, daher bedient man sich der mechanischen Tafelung. Die Abb. 20 zeigt diesen Apparat oben hinter der Maschine. Diese Maschine ist auch mit einer doppelten Druckabhebevorrichtung ausgestattet, und zwar durch Zunge, unter den Hebelenden nahe den Gewichten, und durch Kniegelenk an der Druckstange hinter der Maschine.

Die Walzen sind durch Räder verbunden, in diesem Falle sind es aber keine Rapporträder, sondern Schleppräder, die nur die Walzen mitschleppen, wenn die Maschine ohne Druck mit heißer Walze läuft. Bei leichten Maschinen hat man, sobald das vorliegende Warenquantum fertig ist, schnell die Walzen auseinander geschraubt, bei schweren Maschinen ist dies beschwerlicher. Die 150—200° heiße Metallwalze würde in wenigen Minuten die stillstehende Papierwalze ansengen, so daß sie einen Brandstreifen in ihrer ganzen Breite bekäme und reparationsbedürftig würde. Dieses verhüten die Schleppräder, indem sie die Papierwalze mit in Umdrehung halten, auch wenn keine Berührung zwischen den Walzen besteht.

Da bei dieser Maschine die Papierwalze fast nie gewechselt wird, fehlt der Kran dazu, dagegen ist die Abhebevorrichtung des schweren Antriebszahnrades mit geteilter Nabe vorhanden.

Abb. 20.

Die Gaufrage all dieser Waren erfolgt mit Ausnahme der Möbelplüsche bei einer Hitze von 120—150°, 10—20 m Geschwindigkeit in der Minute und 400—700 kg Druck je 10 cm Walzenbreite. Möbelplüsche erfordern bis zu 200° Hitze, die Geschwindigkeit beträgt nur 2—3 m in der Minute, und der Druck erhöht sich auf 700—1200 kg je 10 cm Walzenbreite.

Die Gaufragedessins haben im Laufe der Zeit manche Vervollkommnung erfahren; besonders der Ausarbeitung der Oberfläche der gravierten Walze wurde die allergrößte Aufmerksamkeit gewidmet. Die einfachen Rippungen oder Gewebefonds wurden durch bestechende Guillocheffekte, deren Verschiedenartigkeiten unbegrenzt sind, ergänzt. Neben den vollständig plättenden Gravurflächen wurden halbhohe Partien eingraviert, die den Effekt von Frisé und Perlfrisé hervorriefen, indem sie die Flur nur auf halber Höhe deformierten und sie der Gravur entsprechend gestalteten.

Bei flurigen Geweben wird die Flur, bei gerauhten, pelzartigen Geweben der Pelz niedergepreßt; ein Unterschied im Verfahren besteht nicht.

Die wenigen in Rapport gaufrierten Samtmuster beschränken sich fast ausschließlich auf Pelzimitationen (in der Art der Persianerfelle) oder raupenartig verlaufende Musterungen. Man kann jedes Muster auch in Samt mit Rapportpressung gaufrieren, es fragt sich nur, ob es in seiner Art der Ware angepaßt ist und ob die Verbraucher solche Ware kaufen. Im übrigen halten sich die Musterungen stets im Rahmen der herrschenden Mode. Bei der Niederschrift dieser Ausführungen ist die große Mode auf ägyptische Motive gerichtet, bald sind es Blumen, bald Ornamente, bald Streifen und Punkte, bald geometrische und Phantasiemuster und so fort. Jede Saison stellt eigene Anforderungen, denen der Gaufreur und auch der Graveur zu folgen hat.

Zur Samtmusterung gehört auch die Bronzepressung, die dem Gewebe (meist Velvet) den Anschein eines mit Gold oder Silber durchwirkten Stoffes gibt, auch anders farbige Bronzen werden dazu verwendet.

Zur Bronzepressung bedient man sich des zweiwalzigen Kalanders (Abb. 15) mit einigen Vervollständigungen.

Vor allem gehört zur Bronzepressung eine Auftragvorrichtung, die das Velvetgewebe vor dem Eintritt in die Walzen mit der Bronzepulvermischung ganz überstreut. Die geheizte Walze preßt mit ihren hochliegenden Gravurpartien die durch Dextrinzusatz etwas klebrig gemachte Bronzemischung fest auf den Grund des Gewebes und plättet gleichzeitig die Velvetflur an diesen Stellen vollständig. An den von der Walze nicht gepreßten Stellen liegt das Bronzepulver jetzt noch lose auf und muß davon entfernt werden. Zu diesem Zwecke ist hinter der Maschine eine etwa 1½ m lange Kiste aufgestellt, in die die Ware hinein und über Rollen wieder hinausgeleitet wird, wobei die Flur mit der Bronzeauflage nach unten zeigen muß.

Eine Klopfvorrichtung, von Hand oder Maschine betrieben, schlägt andauernd auf den Rücken des Gewebes, wodurch die nicht festgepreßte Bronze von der Ware abfällt und sich auf dem Boden der Kiste sammelt, um später wieder benutzt zu werden. Die noch mit Resten von Bronzepulver durchsetzte Flur wird auf der Bürstmaschine gereinigt und bietet sich dann dem Auge als scheinbares Brokatgewebe dar. Asien und Afrika haben Riesenmengen dieses Fabrikates aufgenommen.

Samthochreliefprägung.

Hochrelief wird in Wellenlinien, Kuppeln, Mosaik, Soutache und anderen Motiven hergestellt, deren Reliefhöhe bis zu 5 mm beträgt, wobei die Flur möglichst geschont werden muß. Die Hochreliefprägung erfolgt zwischen zwei gravierten Metallwalzen, deren eine positiv, die andere negativ graviert ist, mit so viel Luft in den Eingriffstellen, daß das Samtmaterial seitlich nicht zerquetscht werden kann. Beide Walzen werden bis zu 120° geheizt, das Gewebe wird gedämpft und geht unter leichtem Druck (20—50 kg je 10 cm Walzenbreite) mit einer Geschwindigkeit von 8—10 m in der Minute durch die Walzen.

Vor dem Einlaß liegt ein Paar Rillenwalzen, die den Stoff in der Breite etwas einhalten. Gegebenenfalls werden zwei solcher Rillenwalzensysteme hintereinander geschaltet. Die Einhaltung des Gewebes kann auch mittels Rillenplatten, die von breit nach schmal verlaufen, erfolgen.

Abb. 21.

Gaufrage mit Platten ist bei Samt, Velvet und Plüsch keine Seltenheit. Sofakissenbezüge, kleine und große Tischdecken, überhaupt solche Gegenstände aus fluriger Ware, die abgepaßte Muster mit Rand im Viereck aufweisen, stoßen bei der Gaufrage mit Walzen manchmal auf Schwierigkeiten, so daß man gezwungen ist, sie mit gravierten Platten zu gaufrieren. Dieses ist viel zeitraubender und gestaltet sich wesentlich teurer als die Walzengaufrage.

Abb. 21 stellt eine Spindelpresse dar, deren unterer Tisch feststeht, während der obere Tisch sich heben und senken läßt. Auf dem unteren Tische wird auf einem ausziehbaren Schieber die elastische Unterlage in Gestalt einer Filzdecke oder aufeinander geleimter Kartons befestigt.

Die obere Preßplatte, die durch Gas mittels Bunsenbrenner heizbar ist, hält die gravierte Platte, die mit Schrauben daran befestigt ist. Die vorher geschnittene Samt-, Velvet- oder Plüschdecke wird über die elastische Unterlage gelegt, und zwar in einer solchen, durch Zeichen markierten Lage, daß die Prägung passend auftrifft. Daraufhin gibt man Druck, sei es nun durch Drehen der Spindel, wie bei Abb. 21, oder auf andere Weise, denn solche Pressen werden noch mit Kniehebeldruckeinrichtung oder mit hydraulischer Druckeinrichtung gebaut. In den beiden letzteren Fällen steht aber die obere Preßplatte fest, und der untere Tisch ist zum Heben und Senken eingerichtet.

Zuweilen werden diese Plattenpressen auch zum gleichzeitigen Prägen und Drucken verwendet. In diesem Falle kommen besondere Gravuren in Betracht, die in leichter Reliefgravur die geblümten oder andersgearteten Muster vertieft tragen. Diese Vertiefungen werden mit Farbe, die besonders haftend präpariert sein muß, ausgestrichen, und die gesamte übrige, nicht vertiefte Oberfläche der Platte wird vollkommen von Farbe befreit und blank geputzt. Es enthalten also nur die Vertiefungen noch Farbe. Auf die so vorbereitete Platte wird die Ware mit der Flurseite, die vorher etwas gebügelt war, so daß die Flur etwas Lage hat, aufgelegt. Gegen den Rücken der Ware legt sich die Filzplatte, die durch den Druck nicht allein die Ware gegen die Oberfläche der gravierten Walze preßt, sondern auch infolge ihrer Elastizität die Ware in die Vertiefungen der Gravur hineindrückt, wo sie Form und Farbe annimmt. Wenn die Farbe Hitze nicht verträgt, muß die Pressung fast kalt erfolgen und die fehlende Hitze durch Druck ersetzt werden. Außer der reinen Gaufrage, also der Einpressung von Mustern, wendet man bei Samt, Velvet und Plüsch auch noch ein Verfahren an, nach welchem die Muster durch Niederbügeln der Flur hervorgerufen werden. In der Praxis nennt man sie Schleifmusterungen, die auf verschiedenartige Weise hergestellt werden. Die Schleifgaufrage wird auf einer Maschine ähnlich Abb. 15 hergestellt.

In den Oberlagern liegt eine glatte Metallwalze, die während des Arbeitsganges stillsteht, sich also nicht dreht. In den Unterlagern liegt eine Papierwalze, diese ist mit einem Flächenmuster graviert, dessen nicht pressende Stellen 2—4 mm unter der Fläche liegen. Die stillstehende Metallwalze wird durch Gas geheizt, die Walzen stehen unter Hebeldruck, der Antrieb ist für verschiedene Geschwindigkeiten eingerichtet und wirkt auf die Papierwalze.

Die Ware geht mit der Flur gegen die stillstehende glatte, nicht gravierte Metallwalze durch die Maschine. Die Papierwalze drückt gegen den Rücken der Ware und zieht diese infolge ihrer hohen Adhäsionsfähigkeit mit durch. Beim Durchzug unter der stillstehenden glatten Metallwalze her wird die Flur an den Stellen glatt geschliffen, wo der Rücken der Ware auf die hoch liegenden Partien der gravierten Papierwalze aufliegt. Die Stellen des Gewebes, die die Lücken oder Vertiefungen der Papierwalze überdecken, erleiden keine Pressung und bleiben unverändert flurig. An Stelle der gravierten Papierwalze kann auch eine gravierte Metallwalze gegen die stillstehende Bügelwalze laufen. Da aber große Gefahr besteht, daß die Ware zwischen den zwei Metallwalzen zerquetscht wird, umwickelt man die gravierte Metallwalze mit einer weichen Stofflage mehrere Male, wodurch die gravierte Metallwalze auch erhöhte Fähigkeit erlangt, die Ware unter der glatten Bügelwalze durchzuziehen. Die gravierten Metallwalzen werden als Hülsen auf eine Stahlspindel aufgeschoben (Abb. 3).

Die Maschine ist auch geeignet, in umgekehrter Weise Schleifeffekte auf fluriger Ware hervorzubringen, wenn man die gravierte Metallwalze gegen die Flur wirken läßt und sie zu diesem Zwecke oben legt. Darunter liegt dann eine glatte Papierwalze.

Ein Schleif- und Bügeleffekt kann aber bei dieser Zusammenstellung nur erreicht werden, wenn Papierwalze und gravierte Walze verschiedene Umfangsgeschwindigkeiten haben. Zu diesem Zweck verbindet man beide Walzen mit Zahnrädern, die der transportierenden glatten Papierwalze z. B. eine Geschwindigkeit von 15 m in der Minute geben und der gravierten Metallwalze eine solche von nur 10 m. Die Ware wird also in einer Minute um 5 m schneller unter der gravierten Metallwalze fortbewegt, als deren Eigengeschwindigkeit beträgt.

Es tritt also ein Bügeleffekt ein, der aber auch gleichzeitig das Muster um die Differenz in der Geschwindigkeit verlängert. Ein Punkt wird zum Strich, ein Kreis zur Ellipse, ein Quadrat zum ungleichseitigen Rechteck, kurz alle Figuren der gravierten Walze erscheinen in der Ware um die erwähnte Differenz verlängert. Durch Wechseln der Räder kann diese Differenz vergrößert oder verringert werden. Man kann sogar das Gegenteil erreichen, wenn man Räder aufsetzt, die es bedingen, daß die gravierte Metallwalze schnellere Umdrehungen hat als die die Ware transportierende Papierwalze. In diesem Falle werden die Figuren um die durch die Zahnräder bedingte Differenz kürzer.

Der angewendete Druck ist nur leichter Art, er muß so einreguliert werden, daß die Papierwalze die Ware unter der weniger Adhäsionsfähigkeit besitzenden gravierten Metallwalze fortzieht. Übermäßiger Druck würde ein Schleifen der Ware verhindern und ein Zerreißen hervorrufen. Streifenschliff vollzieht sich in der gleichen Weise, hat aber den Vorteil für sich, daß man auf einer Metallwalze, da diese zum Streifenschliff stillsteht, 8—10 verschiedene Musterreihen anbringen kann. Eine Achtel- oder Zehnteldrehung der Streifenwalze legt jedesmal ein neues Streifenmuster gegen die sich drehende Papierwalze.

Bewegt man eine solche Streifenwalze während des Durchganges der Ware seitlich hin und her, so entstehen wellenartig lang verlaufende Streifen. Sollen die Wellenlinien kurze Krümmungen aufweisen oder gar Zickzackform zeigen, so graviert man quer über die Walze eine Reihe Punkte, legt die Punktreihe gegen die Papierwalze und bewegt

die Metallwalze mit den Punkten seitlich hin und her. Der darunter-
liegende flurige Stoff erhält dann je nach schnellerer oder langsamerer
Hin- und Herbewegung kürzer oder länger verlaufende Wellen oder
Zickzackmusterung.

Da die Samtflur zur Erzeugung von Licht- und Glanzeffekten
hervorragend geeignet ist, ist man dazu übergegangen, der gravierten
Walze zwangläufig verschiedenartige Bewegungen zu geben, die alle auf
derselben Warenbahn fast gleichzeitig zur Anwendung kommen können
oder unter Ausschaltung der übrigen auch einzeln für sich in Tätigkeit
treten.

Die gravierte Walze, die in solchen Fällen meist mit einer Punkt-
oder Strichmusterung versehen ist, führt gleichzeitig eine in der Achsrichtung hin- und hergehende Bewegung in Verbindung mit einer
drehenden oder oszillierenden Bewegung aus. Zuweilen wird die gravierte Walze auch bei jedem Hub, d. h. Vollendung einer Bewegung,
abgehoben und fällt bei Beginn der neuen Bewegung wieder frisch auf
die Ware auf. Durch diese Behandlung treten die Lichteffekte an den
niedergelegten Flurstellen nach allen Richtungen hin in die Erscheinung.
Die Hervorrufung von Effekten durch Niederbügeln der Flur ist so
mannigfaltig, daß manche Ausübungen bisher noch nicht mit der Maschine erfolgen, sondern man bedient sich noch der Handarbeit.

Diagonal- und Querstreifen, bei denen die Bügelung in der Richtung
des Streifenlaufes erfolgen muß, werden vorteilhafterweise mit Zieheisen
ausgeführt, da die bekannten Maschinen hauptsächlich in der Längsrichtung schleifen. Die Möglichkeit besteht, auch die genannten Streifen
mit der Maschine einzuschleifen, jedoch hat man es bisher nicht versucht, da der Bedarf zu gering war.

Seidensamte und Seidenplüsche werden vielfach mit rotierenden
geheizten Bolzen, Handbürsten, Schwämmen und ähnlichen Werkzeugen
im trocknen oder feuchten Zustande auf der Flurseite so behandelt, daß
die Flur wild nach allen Seiten wolkenartig umgelegt wird und in dieser
Lage nach dem Trocknen verbleibt.

Wolkenplüsche werden auch mit der Maschine hergestellt, indem
man zuerst die Flur in der ganzen Warenlänge auf einer Maschine
(Abb. 15) umlegt und glatt schleift oder bügelt. Daraufhin wird auf
einer besonderen Maschine mittels einer mit Filz und Tuch bekleideten
Wolkenwalze, auf der sich unter dem Überzug elastische Erhöhungen
befinden, die niedergelegte Flur nach der entgegengesetzten Seite hin
hoch gehoben.

Durch die verschiedenartige Lage der Flur werden helle und dunkle
Effekte erzielt, gleichgültig, ob man die Flur in verschiedenen Richtungen
bügelt oder schleift, oder ob man die nach einer Richtung gelegte Flur
stellenweise wieder hoch hebt.

Der Laie kann diese Wirkung selbst sofort erzeugen, wenn er den Seidenplüsch des Zylinderhutes gegen den Strich bürstet, dann hat er in roher Weise den Effekt, der mit dem vorbeschriebenen Verfahren erzeugt wird.

Mäntelplüsche aus Seide oder Wolle werden in ähnlicher Weise behandelt. Die Flur wird auf einer Maschine (Abb. 15) hin- und hergelegt, oder es werden sogar kunstvolle Nachahmungen der Haarlage eines natürlichen Felles mit all seinen Wirbelungen durch sinngemäßes Umlegen der Flur, sei es mit der Hand oder mit der Maschine, hervorgerufen.

In diesem Zustande wird die Ware auf einer perforierten hohlen, eisernen Walze fest aufgerollt, mit einem Endtuche umwickelt und verschnürt. Darauf wird das Ganze unter Einwirkung von Dampf einem Kochprozeß unterworfen, der die Lage der Flur fixiert, damit sie nach dem Färben und Trocknen die Flurlage behält. Die Ware ist aber noch nicht verkäuflich, es muß ihr noch das Aussehen des Persianerfelles oder eines anderen Pelzes mit Haarlocken verliehen werden. Dazu tritt wieder das reine Gaufrierverfahren, und zwar mit Rapportprägung, in Wirksamkeit. Man bedient sich dazu der unter Nr. 15 abgebildeten Maschine.

In dieser Gaufriermaschine liegt oben eine gravierte Metallwalze, die das Muster des Wollockenfelles trägt. Darunter liegt eine Papierwalze, die im Rapportverhältnis zur gravierten Walze steht und mit dieser durch Rapporträder verbunden ist. Die Papierwalze wird vollständig zum Negativ der Gravur ausgewalzt, und darauf wird der im übrigen vorbereiteten Ware zwischen beiden Walzen das Persianer-, Karakul- oder sonst gewünschte Haarlockenmuster eingepreßt.

Dampfhitze genügt für die Metallwalze, Gashitze ist besser. Der Druck wird in der für Samt üblichen Stärke durch Hebel- oder Schraubenanpressung ausgeübt. Zur Schonung wird die gaufrierte Ware nicht aufgerollt, sondern durch einen Abzugbaum von den Gaufrierwalzen fortgezogen, worauf sie in Falten zu Boden fällt.

Zu den Mäntelplüschen gehören auch die Astrachanplüsche.

Die gleichen Warenarten, hauptsächlich aber Wollplüsche, werden vielfach zuerst auf der Wirbelmaschine mittels rotierender Bürsten gewirbelt, d. h. die Bürsten erzeugen ihrem Durchmesser von 6—8 cm entsprechend Zylinderhuteffekte, die dicht nebeneinander liegend in Links- und Rechtsdrehung ein effektvolles Muster, wie man es häufig bei Chaiselonguedecken beobachtet, ergeben.

Astrachanplüsche erhalten ihre Musterung nicht durch gravierte Walzen, sondern durch ein eigenartiges Knautschverfahren. Die Ware wird Flur auf Flur zusammengelegt, indem sie einmal oder mehrmals in der Länge gefaltet wird. Die gefaltete Ware wird nun mit der Hand in unzählige Falten gelegt, oder besser, zusammengeknautscht, nötigen-

falls werden zur besseren Zusammenhaltung noch Unterbindungen vorgenommen. Das so geknautschte und unterbundene Gewebe wird mit
einem stark angespannten Leinentuche zusammen äußerst fest auf eine
perforierte hohle eiserne Walze aufgerollt, wobei die Flurpartien sich
gegenseitig fest in- und übereinander schieben und die Flur selbst sich
in allen möglichen Kreuz- und Querlagen niederplättet. Durch die Art
der Faltung und Unterbindung ist man in der Lage, die Effekte in jeder
gewünschten Größe in die Erscheinung treten zu lassen.

Nachdem die Ware mit dem Tuche vollständig aufgerollt ist, wird
das Ganze zur weiteren Sicherheit noch fest verstrickt und dann dem
Kochprozeß zum Fixieren unterworfen.

Nach dem Fixieren wird die Ware abgerollt und getrocknet; sie
zeigt dann alle Knautscheffekte in wild nach allen Richtungen hin
liegenden niedergeplätteten Flurpartien.

Das Dessinscheren.

Eine besondere Musterung von flurigen und pelzartigen (gerauhten)
Textilstoffen darf bei der Besprechung nicht unerwähnt bleiben. Es
ist dies die Musterung durch Abscheren der Flur oder des Pelzes. Man
bedient sich dazu einer gewöhnlichen Schermaschine, die jedem Ausrüster bekannt ist, mit der Abänderung, daß an Stelle des Schertisches
eine gravierte Walze gelegt wird, deren Gravur die Konturen von
Blumen-, Blatt- oder sonstigen Zeichnungen wiedergibt. Diese Konturen, oft auch Flächen, liegen an der Oberfläche der gravierten Walze,
die übrigen Stellen liegen 4—5 mm unter der Oberfläche. Ob es nur
die Konturen oder die Umrisse der Zeichnung oder ob es größere Flächen
sind, die auf der gravierten Walze erhaben stehen, hängt vom gewollten
Effekt ab.

Die zu musternde Ware wird mit dem Rücken über die sich mit-
drehende, tief gravierte Walze geführt und derart gegen die gravierte
Walze gespannt, daß sie sich in die tiefen Stellen der Gravur einsenkt
und an den übrigen Stellen auf den Konturen oder Flächen aufliegt.

Der Scherzylinder mit seinem Schermesser wird nun gegen die mit
der Ware bedeckten gravierten Walze so eingestellt, daß der Pelz oder
die Flur an den hoch liegenden Stellen abgeschoren wird; an die tief
in die Gravur hineingezogenen Stellen der Ware kann der Scherzylinder
nicht angreifen.

Nach dem Passieren des Scherzylinders zeigt die Ware genau das
Muster der Walze, und zwar liegen die vom Scherzylinder berührten
Stellen in der Ware tiefer und haben an Pelz oder Flur verloren, während
die nicht berührten Stellen der Gewebebahn ihren ursprünglichen Pelz
oder ihre Flur noch aufweisen und in der Ware höher liegen. Unvergäng-
liche und schöne Effekte werden mit diesem Musterungsverfahren erzielt.

Die Gaufrage der Baumwollstoffe.

Fast alle Baumwollstoffe werden gaufriert oder können wenigstens dem Gaufrageprozeß unterworfen werden, gleichgültig ist es, ob sie als einfache Nessel-, Köper-, Kett- oder Schußsatingewebe oder als Jacquardgewebe hergestellt sind, gleichgültig ferner, ob sie grob oder feinfädig sind. Die Gaufrage hat Mittel und Wege genug zur Verfügung, allen Aufgaben gerecht zu werden.

Wie ich bereits in der Einleitung erwähnte, hat eine englische Firma schon im Jahre 1856 Textilstoffe mit einem Moirédessin gaufriert, und es ist wohl als bestimmt anzunehmen, daß nur Baumwollstoff in Frage stand, weil in England lediglich die Baumwollindustrie zu der Zeit in voller Entwicklung war.

Lange Jahre hindurch ist die Gaufrage von Baumwollstoffen nebensächlich behandelt worden. Einen kleinen Aufschwung nahm sie in der Zeit gegen 1890 und schritt gegen 1900 zu ihrer riesenhaften Entwicklung, die immer größere Kreise zog.

Wenn ich der Entwicklung in meinen Ausführungen folge, so muß ich in erster Linie die Gaufrage von Bekleidungsstoffen behandeln, wie sie in frühester Zeit erfolgte und auch heute noch verlangt wird.

Abb. 22.

Diese Stoffe, meist Nesselgewebe, wurden mit Rippen-, Moiré-, Blumen- oder geometrischen Musterungen versehen und zu Blusen, Unterröcken, Hutdekorationen usw. verwandt.

Die Ware wird stets vor der Gaufrage einer Appretur unterworfen, um ihr den richtigen Griff, dessen sie zur weiteren Verarbeitung und späteren Verwendung bedarf, zu verleihen.

Die Gravuren dieser genannten älteren Musterungen waren und sind meist in so grober (im Gegensatz zu zarter) erhabener Ausführung gehalten, daß sie reliefartig wirken, weil die Gravur tiefer ist als die Stoffdicke. Solche Gravuren kommen auf dem Stoff nur dann zur Geltung, wenn sie mit rapportierender Papierwalze gaufriert werden.

Die Ausführung wird gewöhnlich bei Stoffen bis zu 1 m Breite auf zweiwalzigen Kalandern (Abb. 22), darüber hinaus auf dreiwalzigen

Kalandern (Abb. 18) vorgenommen. Es steht allerdings im Belieben des Gaufreurs, im ersteren Falle das Dreiwalzensystem und im zweiten Falle das Zweiwalzensystem anzuwenden. In beiden Fällen kann man die gravierte Walze als Vollkörper oder als Hülse nehmen. Zweckmäßig ist es jedoch, nur Vollwalzen, also solche, bei denen Walzen und Zapfen ein Stück bilden, zu verwenden, denn bei den verhältnismäßig dünnen Stoffen, die zur Gaufrage kommen, muß Positiv und Negativ der Walzen sauber ineinander fallen, wenn das Ergebnis ein einwandfreies sein soll. Die absolute Garantie ist bei Verwendung von gravierten Hülsen nicht gegeben, weil Spindel und Hülse zwei Teile sind und zu Verschiebungen neigen.

Beide Maschinen sind mit Hebeldruck von unten nach oben wirkend und mit doppelter Druckentlastung ausgestattet, der für den vorliegenden Zweck eine Belastung bis zu 1200 kg je 10 cm Walzenbreite ausübt. Für die Heizung genügt Dampf. Die Geschwindigkeit des Warendurchganges beträgt etwa 10 m in der Minute. Die Gravuren müssen sich naturgemäß der Ware anpassen, ganz besonders ist dies hinsichtlich der Rippenimitation der Fall, die fast bei jeder Gravur entweder über die ganze Fläche oder auch nur in Teilen derselben in die Erscheinung tritt. Nesselgewebe verlangt Diagonalriffel, Schußsatin verlangt Längs- oder Diagonalriffel, Kettsatin verlangt Quer- oder Diagonalriffel.

Wollte man anders disponieren, solange es sich darum handelt, Gewebefäden oder Rips zu imitieren, dann würde man entweder ein ausdrucksloses Muster erhalten, oder die ganze Fläche würde falsches Moiré zeigen, weil in diesem Falle die Rippung der Walze und die Rippung der Ware in gleicher Richtung verlaufen.

Buchbinderkaliko,

dessen Grundstoff das Baumwollgewebe bildet, das in besonderer Weise seinem Verwendungszweck entsprechend stark mit Leimmasse appretiert wird, um die Lücken zwischen Kett- und Schußfaden vollständig auszufüllen, wird gleichfalls auf Maschinen wie Abb. 18 und 22 gaufriert.

Vor dem Gaufrieren wird Buchbinderkaliko allerdings auf einem Friktionskalander eingeebnet und mit Hochglanz versehen, denn die Ware muß zweifellos dicht und undurchsichtig sein, damit bei späterer Verwendung der am Rücken des Gewebes verwendete Kleister nicht zur Oberfläche durchdringen kann.

Bei der Gravur der Walzen für diesen Stoff ist ganz besonders die Richtung der Gravurrippung zu beachten, weil die hochglänzende Oberfläche jede falsche Kreuzung des Gewebefadens mit der Gravurrippe als falschen Schatten anzeigt. Nicht nur einfache Rippenmuster werden für Buchbinderkaliko angewandt, sondern auch Nachahmungen von Gewebefonds und leicht geblümten Mustern. Außerdem werden gekörnte Muster und sogenannte Chagrinmuster verlangt.   Schließlich kommt noch die Ledernarbengravur in Anwendung.

Keine dieser Gravuren darf so tief sein, daß eine seitliche Zerrung des Gewebes eintritt, weil dabei zu befürchten ist, daß die geschlossenen Fadenlücken während der Gaufrage rissig werden und dem bei der Weiterverarbeitung verwendeten Kleister den Durchtritt erleichtern. Die richtig appretierte und gaufrierte Ware wird zum Überzug von Bucheinbänden, Kartonagen, Mappen, Photographieständern und anderen Gegenständen benutzt und ist außerordentlich haltbar.

Zur Gaufrage all dieser in Rapport geprägten Baumwollwaren, wie auch Waren aus anderen Rohstoffen irgendwelcher Art, bedient

Abb. 23.

man sich auch des Revolverkalanders (Abb. 23), und zwar in den Fällen, wo im Betriebe verschiedene Musterungen Tag für Tag verlangt werden.

Die bisher beschriebenen Kalander halten nur eine gravierte Walze und deren Gegenwalze. Muß nun eine Walze mit anderem Dessin zur Ausführung eines kleinen Auftrages herangezogen werden, so ist es nötig, daß sowohl die gravierte Walze als auch die Papierwalze aus dem Kalander herausgenommen werden und der anders gemusterte Walzensatz an deren Stelle gelegt wird. Dieser Walzenwechsel erfordert, trotz der dafür geschaffenen Sondervorrichtungen, viel Zeit und Arbeitslohn und trägt stets die Gefahr der Walzenbeschädigung in sich.

Betriebe, die über genügend Raum verfügen, vermeiden den häufigen Walzenwechsel dadurch, daß sie für die stets verlangten Dessins je einen besonderen Kalander aufstellen und nur für die selten verlangten Muster die Walzen wechseln. Diejenigen Firmen, die nicht über genügend Raum verfügen und das Wechseln der Walzen mit gangbaren Mustern vermeiden wollen, haben dazu im Revolverkalander das geeignete Mittel.

Ein weiterer Vorteil liegt noch darin, daß ein Revolverkalander billiger ist als vier einfache Kalander.

Im Revolverkalander liegen in einer in jedem Gestell oben drehbar gelagerten Scheibe 4 gravierte Walzen und unten ebenfalls in drehbaren Scheiben 4 Papierwalzen, die zu den Stahlwalzen im Rapport passen.

Durch Drehen der oberen und unteren Scheiben wälzen sich die in einem Scheibenpaar ruhenden Walzen herum, so daß man in wenigen Minuten ein Walzenpaar ausgeschaltet und ein anderes eingeschaltet hat. Nach der Einschaltung werden die Scheiben festgestellt. Damit ist der Walzenwechsel erfolgt. Die beiden zusammengeschalteten Walzen arbeiten nun genau so wie die Walzen eines einfachen Kalanders, während die drei übrigen Walzensätze ruhen. Der Druck wird durch Hebelbelastung ausgeübt, die Heizung kann durch Dampf oder Gas erfolgen. Hinsichtlich der Arbeitsweise kommen die gleichen Vorschriften wie bei einfachen Kalandern in Betracht.

Bis hierher ist die Gaufrage von Baumwollwaren beschrieben, wie sie bis zum Jahre 1894 bekannt war. Mit dem Jahre 1895 setzte eine vollständige Umwälzung auf diesem Gebiete ein.

Das Seidenfinishverfahren

(Patent Dr. Schreiner), das zu diesem Zeitpunkte im Markte erschien, brachte den Baumwollwaren eine Veredlung, die die ganze Welt in Erstaunen setzte und ihnen unendlich große Gebiete des Absatzes erschloß.

Die vor dem Jahre 1894 bekannte Gaufrage ist eine mit der Hand fühlbare Reliefmusterung, die man mit bloßem Auge als Vertiefungen und Erhöhungen oder als kräftig auf der Gewebebahn aufliegende Rippung leicht erkennen kann.

Das neue Seidenfinishverfahren beruht darauf, daß dem Gewebe einfache Rillen oder Rippen aufgepreßt werden, die mit dem bloßen Auge nicht mehr wahrnehmbar sind und die die Oberfläche des Gewebes in mikroskopisch kleine gebößchte Rippchen einteilt.

Wenn die frühere gebräuchliche Gravur 2—3 Rillen auf den Millimeter betrugen, so sind nach dem neuen Verfahren 10—20 oder noch mehr Rillen auf 1 mm vorgesehen. So feine Rillen sind nur unter Zuhilfenahme eines Vergrößerungsglases erkennbar. Ohne diese Hilfe erscheint die Oberfläche der gravierten Walze als eine glänzend schimmernde Fläche.

Mit einer so feinen Gravur wird die Ware gepreßt und deren Oberfläche in genau derselben Weise rillenförmig eingeteilt, dabei überträgt die Gravur den Glanz, der den sauber gravierten Rillen eigen ist, auf die Ware und erzeugt den so berühmt gewordenen Seidenglanz oder Seidenfinish, der seine Ursache in der Lichtbrechung an den Böschungen der einzelnen mikroskopisch feinen Rippchen hat.

Eine glatte Fläche ohne Rippchen wirkt wie ein Spiegel. Dieselbe Fläche durch feine, glatt gepreßte Rippchen unterbrochen, erlangt den diskreten Glanz der Seide. Flache Rillchen erzeugen hellen speckigen Glanz, tiefe Rillchen dagegen einen dunklen seidigen Glanz. Die Ursache liegt in den verschiedenen Lichtbrechungswinkeln der Gravurböschung. Der Laie wird stets im Zweifel sein, ob das mit Seidenfinish versehene Gewebe wirklich Seide ist oder ob er ein baumwollenes Gewebe vor sich hat.

Nachdem in kleinen Vorversuchen die Erfindung als solche abgeschlossen war, kam ihre industrielle Verwertung in Frage.

Dabei ergab es sich, daß die bekannten Gaufrierkalander zur Ausübung des Verfahrens nicht geeignet waren, sie waren zu schwach. Die Einpressung der feinen Rillen in die Oberfläche des Gewebes, die bei kleinen Versuchen glänzend gelangen, ergaben in ganzer Breite der Ware nur ein kümmerliches Bild.

Aus diesem Grunde schritt man zur Konstruktion stärkerer Maschinen, die ein solches Druckvermögen besaßen, daß auch die feinste Gravur mit Sicherheit voll ausgepreßt wurde und das vorher matte, unansehnliche Gewebe sich in ein herrlich seidenartig schimmerndes Gewebe verwandelte.

Die gegenüber dem früheren Gaufrierverfahren so außerordentlich viel höhere Druckbeanspruchung hat seine Ursache in den vielzähligen feinen Rippchen, die bei der Walzenauflage, die praktisch je nach Walzendurchmesser 5—8 mm Breite beträgt, gleichmäßig scharf eingepreßt werden müssen, wobei der Rücken des Gewebes glatt bleiben soll, so daß nur auf der Warenoberfläche das genaue Negativ der Gravur hervortritt. Halbe Einpressung ergibt nur ein unvollkommenes Ergebnis. Die Erfahrung hat gelehrt, daß der Druck um so stärker sein muß, je feiner die Rippenteilung wird.

Der zur Ausübung des Seidenfinishverfahrens geschaffene Kalander hat seit 1895 manche Vervollkommnung erfahren. Zum besseren Verständnis jedoch will ich den Entwicklungsgang schrittweise darstellen, um so mehr, als heute noch gleiche Kalandertypen wie die Konstruktion 1895 verwendet werden.

Die Vervollkommnungen liegen auf den verschiedensten Gebieten und sind aus der jetzt folgenden Beschreibung leicht zu erkennen.

Der erste Seidenfinishkalander wurde 1895 gebaut, in der Art, wie ihn Abb. 24 zeigt.

Unten liegt die Papierwalze, darüber die gravierte Stahlwalze und darüber die Blindwalze. Der Kalander arbeitet unter hydraulischem Druck, mittels Pumpe und Akkumulator. Der Druck kann bis zu 4000 kg je 10 cm Walzenbreite gesteigert werden. Einer weiteren Steigerung des Druckes sind keine Grenzen gezogen, sobald das Kalandergestell dem aufzuwendenden Drucke gewachsen ist. Schon beim ersten Kalander lag die Erkenntnis vor, daß nur hydraulischer Druck anwendbar sei, weil die zu gaufrierenden Waren, deren Stücklänge 50—100 m beträgt, zu 5—10 Stücken aneinander genäht, durch den Kalander gehen. Bei jeder Naht muß der Druck abgesetzt werden, weil sonst die Papierwalze durch den Abdruck der Naht verdorben würde.

Der Hebeldruck ermöglicht allerdings ebenfalls das Abheben des

Abb. 24.

Druckes, solange dieser sich in der früheren geringen Höhe hält. Bei der für Seidenfinish erforderlichen enormen Druckgabe würden sich jedoch schwer zu überwindende Schwierigkeiten ergeben, zumal die Abhebung, um Warenverluste zu vermeiden, kurz vor der Naht geschehen muß; sobald die Naht die vom Druck befreiten Walzen durchlaufen hat, muß der Druck wieder in Wirksamkeit treten. Die Befolgung dieser Bedingung war nur durch Einbau der hydraulischen Vorrichtungen in vollkommener Weise zu erreichen. Diese gestatten es ohne Kraftanstrengung in einer Sekunde die Walzen vom Druck zu entlasten und in der nächsten Sekunde die Belastung wiederherzustellen.

(Vgl. die Ausführungen unter Hauptbestandteile der Gaufriermaschine.)

Die Heizung erfolgt durch Gas und hält sich bei der allgemeinen Behandlung der Ware auf etwa 150° C. Die Geschwindigkeit des Warendurchganges beträgt etwa 10 m in der Minute. An- und Aufrollvorrichtungen sind allgemeinüblicher Art.

Im allgemeinen wird die zu behandelnde Ware nicht appretiert, d. h. sie wird nicht mit den bekannten Leim- oder Stärkemitteln gefüllt; denn solche Ware würde beim Seidenfinishverfahren steif und hart aus den Walzen austreten. Frei, oder fast frei von Fremdstoffen, wird die Ware zwischen die Walzen geführt und behält nach der Gaufrage den weichen schmiegsamen Charakter, den sie zur Weiterverarbeitung besitzen muß.

Ware, die für den Färbeprozeß vorgebleicht werden muß, darf nie mit der hohen Hitze bearbeitet werden wie nicht vorgebleichte Ware, weil die in der Ware verbliebenen Chlorrückstände, sobald sie mit großer Hitze in Verbindung kommen, der Ware eine unerwünschte Härte verleihen.

Fast alle Waren, die mit Seidenfinish versehen werden, müssen etwas Feuchtigkeit halten, dürfen also nicht in total trockenem Zustande durch die Walzen gehen. Zu diesem Zwecke werden sie vor dem Kalandern etwas gedämpft oder leicht eingesprengt.

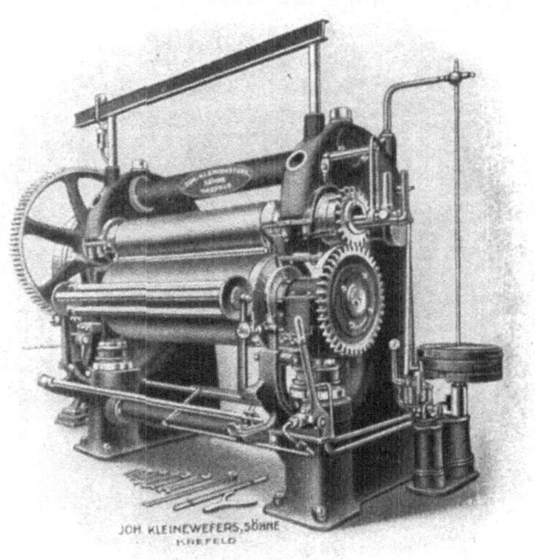

Abb. 25.

Zur Behandlung schmaler Waren kommt ein geringerer Gesamtdruck in Frage als bei breiter Ware. Daher hat man, abgesehen von der immerhin noch großen Reibung in den Oberlagern, hierfür einen zweiwalzigen Kalander konstruiert, der in der Abb. 25 wiedergegeben ist.

Der Kalander ist billiger in der Herstellung, da die Blindwalze fehlt, und infolgedessen das ganze Gestell niedriger gehalten ist. Zudem erspart man die Oberlager; auch die Löhne für Bearbeitung sind geringer. Dieser Kalander wird, abgesehen von dem relativ hohen Kraftverbrauch, immerhin mit Erfolg verwendet. Für Großproduktion hat man eine besondere Konstruktion geschaffen, die es ermöglicht, zwei Warenbahnen zu gleicher Zeit zu behandeln. Bei dieser Maschine war besonderes Augenmerk darauf zu richten, daß beide Warenbahnen unabhängig voneinander bearbeitet werden können. In der Hauptsache war es die unabhängige Druckentlastung.

Bei der Maschine, die in Abb. 26 gezeigt wird, liegt in der Mitte die gravierte Walze in Lagern, die fest mit den Ständern verwachsen sind. Oben und unten in den Ständern liegt je eine Papierwalze in gleitenden Lagern. Die untere Papierwalze wird hydraulisch nach oben gegen die Stahlwalze gedrückt, die obere Papierwalze erhält den Druck durch darüber angeordnete hydraulische Preßzylinder und wird von oben nach unten gegen die Stahlwalze gedrückt. Die obere und untere Druckvorrichtung werden durch eine gemeinsame Pumpe und einen gemeinsamen Akkumulator gespeist, haben jedoch jede für sich die Entlastungsvorrichtung in Gestalt des früher beschriebenen Steuerventils. Zwei Abroll- und zwei Aufrollvorrichtungen dienen den zu behandelnden zwei Warenbahnen. Eine Warenbahn wird zwischen Stahlwalze und oberer Papierwalze eingeführt, die andere Warenbahn zwischen Stahlwalze und unterer Papierwalze.

Abb. 26.

Da die einzelnen aneinander genähten Stücke nie ganz gleichmäßige Länge haben, so erscheint bei fortschreitendem Durchlauf der Ware, bei einer der beiden Warenbahnen, z. B. der oberen, die Naht zuerst. Sobald die Naht kurz vor dem Walzeneingang angelangt ist, wird die obere Papierwalze mittels des Handhebels entlastet, ohne den Gang der unteren Warenbahn zu stören. Nach Durchgang der Naht wird der Hebel für die obere Druckvorrichtung zurückgedreht, die Papierwalze preßt sich daraufhin sofort wieder fest gegen die Stahlwalze, und die Gaufrage nimmt ihren ungestörten Fortgang. Erscheint dann bei der unteren Warenbahn die Naht, so wird am unteren Entlastungshebel in gleicher Weise vorgegangen und so fort, bis beide Warenbahnen, die vielleicht 20 Stücke mit 22 Nahtstellen enthalten, den Kalander durchlaufen haben. Es sind deshalb 22 Nahtstellen, weil am Anfang und Ende jeder Warenrolle ein Vor- und Nachlauftuch angenäht sind.

Eine weitere Konstruktion zur unabhängigen Bearbeitung von zwei Warenbahnen zeigt die Abb. 27, die jedoch auch zur doppelten Gaufrage einer einzelnen Warenbahn dient. Im Gegensatz zu Abb. 26 liegt hier die Papierwalze in der Mitte in Lagern, die ebenfalls mit dem Ständer aus einem Stück bestehen, darüber und darunter je eine Stahlwalze mit ihrer Blindwalze. Auch in dieser Maschine sind oben und

5*

unten hydraulische Druckvorrichtungen eingebaut, die unabhängig voneinander arbeiten. Die Stahlwalzen tragen verschiedene Gravuren; denn wie ich weiter unten noch ausführlich darlegen werde, können nicht alle Stoffe mit der gleichen Gravur behandelt werden. Auf diesem Kalander 27, der im übrigen wie Kalander 26 arbeitet, kann oben und unten mit gleichen oder verschiedenen Gravuren je eine Warenbahn gaufriert werden. Auch kann man eine Stahlwalze völlig ausschalten, so daß nur eine Warenbahn den Kalander durchläuft. Die wichtigste Eigenart dieses Kalanders aber besteht darin, daß man eine einzelne Warenbahn gleichzeitig mit zwei Gravuren überpressen kann, indem man die Ware bei der oberen Stahlwalze einführt, um die Papierwalze

Abb. 27.

herum leitet und bei der unteren Stahlwalze wieder zurückführt. Auf diesem Wege wird beispielsweise von der oberen Stahlwalze eine Querrippe eingepreßt und von der unteren Stahlwalze eine Diagonalrippe, das Gesamtergebnis ist, infolge der Rippenkreuzung, eine winzige Pyramide, die natürlich einen anderen Effekt ergibt als die einfache Rippe. Eine Menge Kombinationen, unter Verwendung verschiedener Gravuren, liegen im Bereiche der Möglichkeit. In Betrieben, wo nicht mehr als zwei verschiedene Gravuren in Frage kommen, vereinigt dieser Kalander zwei Kalander in sich und ermöglicht es, ohne Walzenwechsel, jede der beiden verschiedenen Gravuren unabhängig voneinander jederzeit zu verwenden.

Wie schon oben angedeutet, kann eine Gravur nicht allen Anforderungen entsprechen, sondern jede Warengattung erfordert ihre besondere

Gravur. Baumwollwaren unterscheiden sich in der Hauptsache durch ihre Webart; es gibt Nesselgewebe, Schußsatine, Kettsatine, Serge- und Köpergewebe und andere mehr, außerdem gibt es gemischte Gewebe, die auf der Schauseite teils Schuß, teils Kette aufweisen. Nesselgewebe kann mit Querriffel, Langriffel und Diagonalriffel gaufriert werden.

Schußsatin erfordert Diagonalriffel, der der Richtung des Faserverlaufes des Schußfadens entspricht. Dabei unterscheidet man wieder Schußfäden mit Rechtsdrehung und mit Linksdrehung des Fadens.

Rechtsdrehung erfordert eine Rippung, die in 15—20° von rechts nach links steigt, Linksdrehung eine solche, die in gleicher Steigung umgekehrt verläuft.

Kettsatin erfordert, der Faserdrehung entsprechend, eine Diagonalrifflung von etwa 75°, von links nach rechts oder umgekehrt steigend, je nach der Richtung, in der die Drehung des Fadens verläuft. Für gemischte Gewebe verwendet man Rifflungen, die sowohl dem Kettals auch dem Schußfaden gerecht werden, ohne jedoch den vollen Erfolg wie bei ungemischten Geweben, zu erzielen.

Die angewandten Feinriffel bewegen sich hauptsächlich in den Grenzen von 5 Rippen bis 25 Rippen je Millimeter, ohne daß damit die absoluten Grenzen festgelegt wären.

Es ist nun eine Tatsache, daß in vielen Betrieben tagtäglich die verschiedensten Webarten in kleinen Mengen zur Ausrüstung gelangen, und es müßte zur Ausführung der Aufträge, jeder Webart entsprechend, ein Walzenwechsel vorgenommen werden oder für jede Warengattung ein besonderer Kalander mit der passenden Gravur bereitstehen. Diese Unzuträglichkeit überwindet der Revolverkalander, der in Abb. 28 wiedergegeben ist, in fast vollendeter Weise.

Unten liegt die Papierwalze, darüber, in zwei, in den Gestellrahmen gelagerten, drehbaren Scheiben, sind je vier gleitende Lager vorgesehen, darin sind vier Stahlwalzen mit ihren vier verschiedenen Gravuren

Abb. 28.

gelagert. Im Zentrum dieser vier Walzen liegt die Blindwalze. Der Anforderung entsprechend, dreht man in einigen Minuten die Scheiben so, daß die der Ware entsprechende Gravurwalze mit der Papierwalze zusammenfällt, stellt die beauftragten Warenmengen fertig, um gleich darauf eine andere der vier Walzen an die Stelle der vorigen mit der Papierwalze in Verbindung zu bringen und so fort. Alle gangbaren Rifflungen, ob fein, ob grob, tief oder flach oder in verschiedenen Richtungen verlaufend, sind, sobald sie im Revolverkalander liegen, augenblicklich ohne Walzenwechsel arbeitsfertig.

Der Ersparnisse, die auch noch in anderer Weise durch die wirtschaftliche Ausnutzung des Revolverkalanders entstehen, sind zu viele, um sie alle hier aufzählen zu können; der Fachmann erkennt sie unschwer.

Auf Abb. 25 sieht man deutlich, daß Stahl- und Papierwalze durch Räder verbunden sind. Dies sind keine Rapporträder, sondern Schleppräder, deren Zähne eine anormal lange Form haben, die auch nach der Druckabhebung noch in Eingriff bleiben. Das Papierwalzenrad ist als Schleifrad ausgebildet und besteht aus zwei Teilen mit zwischenliegender Lederbremsscheibe. Die Räder dienen nur dazu, die Papierwalze auch bei abgehobenem Druck in Umdrehung zu halten, weil bei stillstehender Papierwalze die heiße Stahlwalze einen Brandstreifen darin einsengen würde. Ferner würde die mikroskopisch feine Gravur sofort verdorben, wenn die sich drehende Stahlwalze die ruhende Papierwalze bei plötzlicher Druckgabe in Umdrehung versetzen sollte, weil die Stahlwalze, bevor die Papierwalze der Umdrehung folgt, über deren Oberfläche schleift oder rutscht und dabei die Gravur abschleift, so daß sie unbrauchbar wird. Diesem Übelstande beugen die Schleppräder in vollendeter Weise vor, sie sind beim Seidenfinishkalander unentbehrlich.

Was ich bisher über das Seidenfinishverfahren sagte, betraf die allgemeine Behandlungsart auf den verschiedenen Maschinen. Es fehlen noch die Fortschritte, die auf dem Gebiete erzielt wurden, um das Verfahren immer wertvoller zu gestalten. In erster Linie ist hervorzuheben, daß der mit dem ursprünglichen Verfahren erzielte Glanz ganz erheblich erhöht wurde, als man die Stahlwalzen, die mit einem rund um die Walze laufenden Riffel graviert waren (das Gegenteil eines Querriffels, der in der Achsrichtung verläuft), in schnellere Umdrehungsgeschwindigkeit versetzte als die Papierwalze, wodurch die Gravur reibend auf das Gewebe wirkte und einen bedeutend höheren Glanz hervorrief. Hinsichtlich des erwähnten Rundriffels war die Frage durch die bekannten Friktionsmittel (meist Zahnradübersetzung) schnell gelöst.

Hinsichtlich der Quer- und Diagonalriffel kam die geschilderte Umfangsfriktion gar nicht in Frage, weil sie in Gemeinschaft mit diesen Riffeln unmöglich verwendet werden kann. Die quer oder diagonal auf der Stahlwalze liegenden Rippchen würden wie eine Feile wirken, sobald die Stahlwalze eine schnellere Umdrehungsgeschwindigkeit hätte als die Papierwalze, und infolgedessen die Papierwalze abmahlen und das Gewebe zerreißen. Des weiteren wäre die Gravur schon in den ersten Sekunden der Berührung mit der Papierwalze vollständig verdorben.

Erst das Patent „Hall" vom 5. März 1903 (s. Gardener, Die Merzerisation der Baumwolle und die Appretur der merzerisierten Gewebe, S. 150) ermöglichte es, auch Quer- und Diagonalriffelwalzen eine dem Rillenlauf folgende Querreibung auf der Ware zu verleihen.

Das Patent „Hall" nimmt die Walzen aus ihrer parallelen Lage heraus und bringt sie in eine gekreuzte Lage, so daß die Walzenenden nicht mehr lotrecht übereinander liegen, sondern bis zu 40 mm oder mehr nebeneinander herfallen. Infolge dieser Kreuzlage der breiten Walzen entsteht eine seitliche Reibung und diese erhöht den Glanz auf der Ware in überraschender Weise.

Einen großen Mangel wies das Seidenfinishverfahren noch auf, es war das Fehlen der Bügelechtheit.

Dem nimmerrastenden Forschen in den interessierten Kreisen gelang es, auch diesen Mangel zu beseitigen. Die zum Patent gelangten Verfahren des Radium-, Adler- und Aderholtfinish und noch manche andere Verfahren, die im „Gardener", S. 152—188 alle eingehend behandelt sind und zum großen Teile auf Naßbehandlung beruhen, anderseits wasserunlösliche Überzüge vorsehen, brachten den Seidenfinish immer mehr zu einer Weltstellung, um so mehr, als durch Anwendung des Hallpatentes ein unschätzbares Mittel zur Durchführung der Verfahren gegeben war.

So nimmt heute das vervollkommnete Seidenfinishverfahren einen ersten Platz in der Behandlung von Baumwollgeweben ein; es wird sich weiter ausbilden, solange Maschinenbau, Gravur und Ausrüstung Hand in Hand gehen, um neue Probleme aufzustellen und neue Möglichkeiten zu deren Lösung zu finden.

Es interessiert noch, die verschiedenen Verbrauchszwecke der mit Seidenfinish ausgerüsteten Baumwollwaren aufzuführen.

Nesselgewebe werden zu Schürzen, Blusen, Kartonnagen und Futterstoffen verwendet, andere Verwendungsmöglichkeiten sind nicht ausgeschlossen. Ganz besonders das Rauschfutter, das infolge seiner scharfen Längsrippung beim Berühren anderer Stoffe ein diskretes, seidenartiges Knistern vernehmen läßt, wird in großen Mengen hergestellt. Ärmelfutter mit hochglänzenden Längsrippen ist sehr begehrt. Kettsatin, Schußsatin und Serge wird in Riesenmengen für Herren- und Damenfutterstoffe verwendet, ebenso für Steppdecken, Schürzen und anderen Bekleidungsstücken. Druckwaren, ob Satin oder Nessel, werden ebenfalls in ganz riesigen Mengen als Bekleidungs-, Krawatten- und Dekorationsstoffe verwendet.

Nur die hauptsächlichen Verbrauchszwecke sind erwähnt, ohne daß damit das Verwendungsgebiet erschöpft sei.

Nicht allein in reinen einfachen Rippungen hat sich Seidenfinish bewährt, das Verfahren zog seine Kreise weiter und kam auch zu gemusterten Ausführungen in den feinen oder fast so feinen, früher nie zur Anwendung gekommenen Gravuren.

Besonders die Futterstoffe wurden statt mit einfachen Rippen mit den schönsten, dem jeweiligen Geschmack entsprechenden Mustern gaufriert.

Die Muster werden gebildet durch einfache Rippen, die in verschiedenen Richtungen verlaufen. Das einfachste ist das bekannte Heringsgratmuster, das auch der Ausgangspunkt für alle späteren Musterungen war. Der Effekt wird nur durch Lichtbrechung erzielt; denn die in verschiedenen Richtungen liegenden Rippungen ergeben Licht und Schatten, durch die das Muster sich dem Auge darbietet. Herrliche Schattenspiele werden erzielt durch wellenartig gravierte Rippen,

Abb. 29.

ebenso wie durch gruppenweise, nach allen Richtungen geschweifter Rippen, die ein wolkenartiges Schatten- und Lichtbild ergeben.

Ich betone nochmals, daß diese Musterungen kein Relief zeigen, alle, in verschiedenen Winkeln zueinander gravierten Rippen liegen in einer Ebene und bieten dem Auge das Muster nur als Licht- und Schatteneffekt in klarer, deutlicher Zeichnung dar.

Ferner werden in der Feinheit, die das Verfahren vorsieht, kleine Punkt-, Pyramiden- oder Korn- und Kreppgravuren hergestellt, die alle den Geweben das Aussehen von besonderen Seidenstoffen geben, die sie imitieren sollen.

In den Betrieben, die das Seidenfinishverfahren ausüben, ist infolge der auf die Stahlwalze einwirkenden hohen Hitze und des hohen Druckes, verbunden mit dem heute meistens angewandten Hallpatente (gekreuzt liegende Walzen), der Verschleiß der gravierten Walzen ein entsprechend großer und die öftere Erneuerung der Gravuren eine unausbleibliche

Notwendigkeit. Viele Ausrüster sind daher dazu übergegangen, die Erneuerung der Feinrifflung selbst herzustellen und haben zu diesem Zwecke eine Graviermaschine oder, wie der fachmännische Ausdruck lautet, eine Molletiermaschine aufgestellt (Abb. 29).

Der Graveur liefert ihnen das Gravierwerkzeug, eine sogenannte Mollete, die in feinstem Stahl ausgeführt, die gewünschte Rippe trägt und glashart gehärtet ist. Diese Mollete wird in einem Lagerkopf, der sich auf einem Supportschlitten befindet, eingespannt und mittels Hebel und Gewichten auf die vorher glatt geschliffene Stahlwalze aufgedrückt. Die Stahlwalze dreht sich in ihren Lagern und treibt die Mollete mit, so daß auch diese sich in ihren Lagern dreht. Infolge des ausgeübten Druckes, preßt sich die Gravur der Mollete in die Oberfläche der Stahlwalze ein; die Mollete wird durch den Supportschlitten mittels einer Leitspindel langsam über die ganze Walze geleitet. Die Mollete wird

Abb. 30.

so oft über die Walze geleitet, bis die Gravur vollständig scharf ausgeprägt ist.

Das Abschleifen der abgenutzten Gravur von den Walzen geschieht auf einer besonders dazu konstruierten Maschine, die sowohl zum Drehen mittels Drehstahl und Diamant als auch zum Schleifen mittels Schmirgelschleifscheibe eingerichtet ist.

Der Drehstahl dient zum Bearbeiten der Stahl- und Eisenteile der Walzen, der Diamant wird nur zum Abdrehen der Papier- oder Baumwolloberfläche der Walzen benutzt; denn Stahl versagt in diesen Fällen. Mittels der Schleifeinrichtung werden sowohl die Stahlwalzen als auch die Papierwalzen und die Baumwollwalzen geschliffen. Ganz besonders die Baumwollwalzen erhalten erst durch das Abschleifen die vollendet brauchbare Oberfläche, die sie durch Abdrehen niemals erreichen können.

Dank ihrer Vielseitigkeit hat die durch Abb. 30 wiedergegebene Dreh- und Schleifbank in allen größeren Betrieben ihren Platz gefunden.

Die Baumwollkreppung,

die auf mechanisch chemischem Wege erzeugt wird, soll, da sie der gaufrierten Ware ähnlich ist und unter Verwendung gravierter Walzen erzeugt wird, nicht unerörtert bleiben. Bekanntlich wird die Baumwolle durch Einwirkung von hochgradiger Natronlauge außerordentlich beeinflußt, ganz besonders wirkt die Natronlauge schrumpfend auf die Faser und kürzt sie um 30—40%. Diese Wirkung macht sich die Baumwollwarenausrüstung zu Diensten und bedruckt das Baumwollgewebe mittels einer gravierten Walze mit Natronlauge von 30—35° Beaumé in Streifen, Punkten und anderen Motiven. Das Baumwollgewebe saugt die Natronlauge begierig auf. Sofort nach dem Aufdruck beginnt die Wirkung des Schrumpfens, wodurch sich das Gewebe auf den bedruckten Stellen zusammenzieht. Die nicht bedruckten Stellen schrumpfen nicht, folgen dagegen der Schrumpfung und bilden neben den Schrumpfstellen Beulen und Gruben, die einen kreppartigen Charakter annehmen.

Nachdem der Schrumpfprozeß sich ausgewirkt hat, wird die Ware gewaschen und die Natronlauge durch Neutralisation mit Schwefelsäure vollständig aus dem Gewebe entfernt. Der kreppartige Charakter verbleibt der Ware unveränderlich. Endlos ist die Reihe der Variationen in der Musterung, die dem Ausrüster zu Gebote steht. Jede anders gravierte Walze ergibt ein anderes Muster.

Kunstleder.

Dieses zu ungeahnter Bedeutung gelangte Produkt ist in der Hauptsache ein Baumwollgewebe, wenngleich auch in einigen Fällen ein anderes Gewebe als Grundstoff genommen wird. Das Baumwollgewebe wird vor seiner Umgestaltung zu Kunstleder zuerst an seiner Oberfläche von allen Unreinigkeiten und Nebenerscheinungen, wie Knoten, losen Fäden usw., sorgfältig gereinigt. Daraufhin wird es mit einem von jedem Hersteller nach eigenen Rezepten zusammengestellten Überzug in ein- oder mehrmaliger Auftragung versehen, so daß das ganze Gewebe einseitig seinen Charakter verloren hat, da alle Lücken überdeckt sind. Das mit dem festhaftenden Überzug versehene Gewebe wird dann auf einem Friktionskalander auf seiner Überzugfläche eingeebnet und mit Hochglanz versehen. In diesem Zustande ist es fertig vorbereitet, um der Gaufrage unterworfen zu werden, die es zum verkaufsfertigen Kunstleder gestaltet. Zur Gaufrage von Kunstleder bediente man sich zeitweise hydraulischer Pressen (die auch heute noch stellenweise in Anwendung sind), auf denen die Kunstlederbahn mit galvanischen Platten abschnittweise die Einpressung des Ledernarbens erhält. Dieses Verfahren ist jedoch sehr zeitraubend und hat den weiteren Nachteil, daß bei dem Weitersetzen der Warenbahn, die nach jeder Pressung um die Plattenbreite erfolgen muß, Streifenbildungen an den Ansatzstellen eintreten können.

Dieses Verfahren mag zweckmäßig gewesen sein, solange die Gravierkunst noch nicht in der Lage war, die Narbung der echten Lederhaut so vollständig naturgetreu auf Walzen zu imitieren, als es auf der galvanischen Platte möglich war. Heute ist die Gravierkunst so weit fortgeschritten, daß sie jede natürliche Ledernarbe mit all ihren Feinheiten, Poren und Adern in photographisch genauer Nachahmung auch auf Walzen überträgt, so daß die zeitraubende Plattenprägung mit ihren Begleiterscheinungen als überholt betrachtet werden kann, daher werden heute auch fast alle Kunstleder auf dem Gaufrierkalander genarbt. Wie bei allen Waren, so gibt es auch beim Kunstleder leichte, mittlere und schwere Ware. Die leichten und auch einige mittleren Waren werden auf dem Gaufrierkalander Abb. 22 gaufriert.

Die sich leicht der Gravurform anschmiegende Ware bedarf keines übermäßigen Druckes, um ein getreues Abbild der gravierten Walze zu erhalten. Hebeldruck ist für solche Waren vollkommen ausreichend. Die Abbildung zeigt auch die für häufigen Walzenwechsel so wichtigen Anordnungen der Abhebevorrichtung für das große Antriebsrad und die geteilte Nabe dieses Rades. Gravierte Walze und Papierwalze stehen im Rapportverhältnis zueinander, die Heizung erfolgt durch Dampf. Da manchmal der Überzug höhere Hitze als 100° nicht verträgt, muß das Manko an Hitze durch Vermehrung des Druckes und Verminderung der Geschwindigkeit ausgeglichen werden. Ein Druck von 400—800 kg je 10 cm Walzenbreite genügt für leichte Ware. Die Durchgangsgeschwindigkeit beträgt 8—10 m in der Minute. Schwere Waren erfordern höhere Druckwirkung, für die der Hebeldruck sich nicht mehr als zweckmäßig erwies. Aus diesem Grunde ging man zum hydraulischen Druck über, mit dem der unter Nr. 12 abgebildete Kalander ausgestattet ist.

Es wird auch demjenigen, der nicht maschinentechnisch vorgebildet ist, einleuchten, daß höhere Beanspruchung stärkere Mittel erfordert, und er wird es verständlich finden, daß in dieser stärker beanspruchten Maschine die Walzen stärker sein müssen, um ihrer Durchbiegung bei dem höheren Druck Grenzen zu setzen.

Dieser Kalander arbeitet, mit Ausnahme der Druckvorrichtung, genau wie der Kalander 22 mit der weiteren Ausnahme, daß man bei ganz schweren Waren die Durchlaufgeschwindigkeit bis zu 3 m in der Minute herabsetzt. Der Druck kann bis zu 1200 kg je 10 cm Walzenbreite gesteigert werden.

Für Kunstleder ist der dreiwalzige Kalander fast ganz außer Frage gestellt, da die obere Walze immerhin so viel Staub und Unreinigkeiten auf die gravierte Walze überträgt, daß die Reinheit der Warenoberfläche leidet. Für Kunstleder ist auch der unter Nr. 23 abgebildete Revolverkalander von außerordentlichem Werte, falls es im Betriebe an Raum mangelt und häufig kleine Aufträge mit gangbaren Mustern auszuführen sind. Kunstleder hat sich in fast allen lederverbrauchenden Industrien und für Wandbekleidungen so eingeführt, daß es als unentbehrlich bezeichnet werden kann. Das Recht dazu hat es sich durch seine hervorragenden Eigenschaften erworben.

Bevor ich nun die Abhandlungen über Textilwaren verlasse, muß ich noch eine Behandlungsart von Seiden-, Baumwoll- und Wollstoffen besprechen, die zwar nicht direkte Gaufrage darstellt, sondern eine Musterung der Stoffe hervorbringt, die ohne gleichartig gravierte Walze, doch durch Pressung erzeugt wird, nämlich

die Moirierung von Stoffen.

Die herrlichen Moiréeffekte, die in der Textilindustrie weit älter sind als Gaufrage, nehmen auch im Handel eine hervorragende Stellung ein. Natürliches Moiré kann nur auf gerippten Stoffen, deren Schuß oder Kette dicker ist als der übrige Webstoff, erzielt werden, indem zwei Stücke mit ihrer rechten gerippten Seite aufeinanderliegend einem hohen Druck, meist in Verbindung mit Hitze, ausgesetzt werden.

Wenn die Rippen der beiden Gewebebahnen sich genau parallel eine in die andere legen würden, so würde man nach der Behandlung unter Druck und Hitze nur schön spielende Rippen sehen, aber kein Moiré. Obgleich nun bei Schußrippsware, in Abständen von 1 m, an beiden Enden des gleichen Schusses ein Bindfaden (zum Zusammenknoten des Schußfadens beim Falten des Stückes) eingeschlagen wird, ist es doch fast unmöglich, die Rippen zweier aufeinanderliegender Stoffbahnen genau passend in ihrer ganzen Ausdehnung ineinanderzulegen, daher entstehen stellenweise Kreuzungen der Rippen. An diesen Kreuzungsstellen zerdrückt nun während der Pressung eine Rippe die andere, und es entsteht das Moiré. Je mehr Kreuzungen sich einstellen, um so voller wird das Moirébild.

Man kann sich persönlich durch ein einfaches Experiment von der Moirébildung überzeugen, wenn man zwei Stückchen dünnes Gewebe (Ripps- oder Schleierstoff) übereinanderlegt und gegen das Licht hält. Die Moirébildung ist sofort ersichtlich. Verschiebt man die beiden Gewebestücke gegeneinander, so verändert sich das Bild, es wird voller oder leerer an Moirébildung, der geringeren oder häufigeren Fadenkreuzung entsprechend.

Die Technik und langjährige Erfahrung haben nun Mittel und Wege gefunden, dem Moiré bestimmte Formen zu geben, so daß ein gewolltes Bild oder eine Musterung hervorgebracht wird.

Man unterscheidet in der Hauptsache zwei Arten von Moiré, und zwar Moiré française, das sich durch streifig nebeneinanderliegende Augenreihen kennzeichnet, und Moiré antique, gekennzeichnet durch kreuz und quer laufende lange Linien ohne Augenbildung. Außer diesen beiden Hauptarten gibt es noch eine Anzahl Abarten, die teils durch eigenartige Augenbildung, teils durch vollständig unregelmäßige Kreuzungen der Rippen erzielt werden.

Die Kreuzungen der Rippen können durch stärkeres oder schwächeres Verziehen des Stoffes nach Wunsch vermehrt oder vermindert werden. Durch das Verziehen des Stoffes werden die Fäden, die die Rippen bilden, aus ihrer geraden Lage in eine gekrümmte Lage gebracht und so die Kreuzungen mit den Fäden des nicht verzogenen Gewebes bestimmt. Es genügt, wenn eine Stoffbahn verzogen wird, man kann beide verziehen. Das Verziehen oder Verschieben der Schußfäden bei Stoffen mit Querrippen für Moiré française, also für Augenbildung, wird auf einer Maschine mit Kratzvorrichtungen unternommen, so daß die Rippen eine wellige Lage annehmen, wohlverstanden, von den aufeinanderliegenden Stoffbahnen wird nur eine verzogen. Beide Stoffbahnen werden zusammen fest auf eine Holzrolle aufgerollt. Hält man während der Aufrollung ein Licht unter die Warenbahnen, so erkennt man schon deutlich das Moirébild, dieses erscheint jedoch auf der Oberfläche erst als wirkliches Moiré, nachdem die Warenbahnen auf dem Moirékalander (Abb. 31) zwischen Stahl- und Papierwalze unter hohem Druck und Hitze gepreßt worden sind.

Die Ware durchläuft den Kalander gewöhnlich zweimal, damit beide Warenbahnen von der Stahlwalze gleichmäßig geglättet werden. Der Kalander, der außer den beiden Arbeitswalzen noch die Blindwalze und eine untere Anwärmewalze aufweist, arbeitet unter einem hydraulischen Druck bis zu 3000 kg je 10 cm Walzenbreite. Die Stahlwalze wird durch Gas geheizt; die Geschwindigkeit beträgt etwa 5 m in der Minute.

In gleicher Weise erscheint das Moirébild, wenn zwei Stoffbahnen mit wild oder unregelmäßig, ganz wahllos verzogenen oder verschobenen Rippen aufeinanderliegend, durch den Kalander gehen, oder wenn man die Stoffbahnen zwischen Platten in einer Plattenpresse unter Anwendung von Hitze preßt.

Bisher habe ich nur von Stoffen mit Querrippen gesprochen, weil dies, besonders in der Seidenindustrie, die häufiger vorkommende Moiréware ist. Aber auch die Baumwoll- und Wollindustrie stellt Moiréware her, bei welcher die Rippen jedoch meist in der Kettrichtung, also der Länge der Stoffbahn nach verlaufen.

Bei solcher Langrippsware geschieht die Moirébildung in etwas anderer Weise, die einfacher und billiger in der Herstellung ist. Die beiden Stoffbahnen werden einfach jede für sich auf einen Wickelbaum aufgerollt. Die beiden Wickelbäume werden in zwei dafür vorgesehene Abrollvorrichtungen des Kalanders eingelegt, die Stoffbahnen gehen dann zusammen durch die Walzen des Kalanders, wo sie unter der Einwirkung von Druck und Hitze das Moirébild annehmen. Das Moirébild selbst wird während des Durchganges der Ware dadurch bestimmt, daß man eine der beiden Warenbahnen mechanisch hin und her bewegt und auf diese Weise die Kreuzung der Kettfäden beider Bahnen fortlaufend

Abb. 31.

hervorruft. Das auf solche Art erzeugte Moiré zeigt sich als quer laufende Augenstreifen in der Art des Moiré francaise.

Will man wildes Moiré erzeugen, so schaltet man die hin und her gehende Führungswalze aus und verschiebt die beiden Stoffbahnen willkürlich zueinander. Durch die verschiedensten Handgriffe können die verschiedensten Effekte erzeugt werden; geringe Verschiebungen ergeben ein leeres Moiré mit wenig Adern, fortwährende Verschiebungen verursachen ein volles, sich über die ganze Fläche ausbreitendes Moirébild.

Moiréware mit Langrippe wird ebenso wie solche mit Querrippe zweimal durch die Walzen gelassen, dabei ist zu bemerken, daß beim ersten Durchgang die beiden Warenbahnen so fest aufeinandergepreßt werden, daß sie aneinanderhaften. Sie bilden sozusagen nach dem Austritt aus den Walzen eine Warenbahn, die aus den beiden aufeinanderklebenden Stücken besteht. In diesem zusammenhaftenden Zustande gehen die Stücke zum zweiten Male durch die Walzen, dabei ist jedoch zu beachten, daß die Rolle mit der Ware so in die Abrollager eingelegt wird, daß die beim ersten Durchgang gegen die Papierwalze gekehrte Seite nunmehr der Stahlwalze zugekehrt ist, damit beide Stücke den Glätteeffekt der Stahlwalze erhalten. Nach dem zweiten Durchgang werden die beiden Stücke voneinander getrennt, und das herrliche Moirébild tritt in die Erscheinung. Das

Moiré antique

ist grundverschiedener Art und verlangt kreuz und quer laufende Moiréadern in klar ausgepreßten Rippen.

Bei längs der Stoffbahn laufenden Rippen (Kettrippsware) ist die Herstellung einfach, da man zwischen zwei Walzen, ohne hin- und hergehende Changierwalze, mit einigen Handgriffen ein schönes leeres oder volles Moiré antique erzielen kann. Die Ursache dieser einfachen Handhabung liegt darin, daß sich die Rippen beider Stoffbahnen nachlaufen und die Rippe der einen Stoffbahn sich in die Vertiefung der Rippung der anderen Stoffbahn einzubetten sucht. Würde man keine zwangsweise Verschiebung vornehmen, so könnte der Fall sogar eintreten, daß meterweise gar keine Kreuzung der Rippen einträte und die Ware nur spiegelnde Rippen ohne Adern zeigen würde.

Ganz anders aber ist der Vorgang bei quer zur Stoffbahn laufenden Rippen, wenn man Moiré antique erzeugen will.

Würde man die beiden Stoffbahnen einfach wie Langrippsstoff zwischen zwei Walzen pressen, so würden die Rippen beider Stoffbahnen sich gegenseitig zerquetschen, weil sie sich entgegentreten, statt sich nachzulaufen.

Zur Erzeugung des Moiré autique auf quer geripptem Stoff muß ein Weg eingeschlagen werden, der zur Moirierung die Querrippe in eine Art Längslage bringt.

Zu dem Zwecke faltet man ein Stück Ware in seiner ganzen Länge zusammen, so daß die zu bearbeitende Bahn nur noch die halbe Stückbreite hat, und knotet die in gewissen Abständen an beiden Schußseiten beim Weben eingeschlagenen Bindfäden zusammen, damit Schuß auf Schuß zu liegen kommt.

Dann wird die gefaltene Stoffbahn getafelt und so hingelegt, daß die Rippen des Stoffes lotrecht zum Körper des Davorstehenden liegen.

Darauf wird das getafelte Stück auseinandergeschoben, wobei sich
die Tafelungsfalten etwas schräg legen und die Rippung etwas aus der
Lotrechten herausspringt, jedoch immer noch in einer Art Längslage
im Zickzack liegt. In die einzelnen Lagen der Tafelung werden Zwischenlagen eingeschoben, damit der Rücken der Stoffbahn beim späteren
Pressen nicht direkt gegen den Rücken der vorherigen Lage liegt,
sondern gegen die Zwischenlage aus glattem Leinen oder sonstigem
geeignetem Stoffe.

Diese so vorbereitete, in schrägen Tafelungen lang auseinander-
geschobene Stoffbahn wird nun mit einem Mitläufer aus Leinen oder
sonstigem geeigneten Stoff fest auf eine Holzrolle gerollt, wobei der
Mitläufer den getafelten Stoff in seiner Lage erhält. Der so aufgerollte

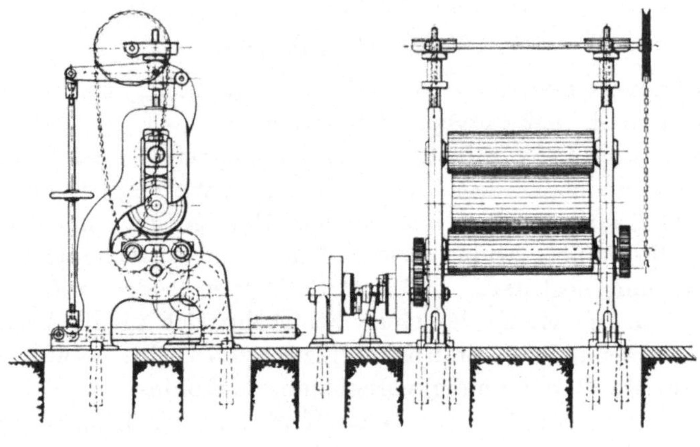

Abb. 32.

Stoff, dessen Rippung ungefähr in der Umfangsrichtung der Holzrolle
verläuft, wird vorerst noch in einer besonderen Rollmaschine (Abb. 32)
zwischen drei Walzen so fest gerollt, daß die Rolle große Härte erlangt;
dann erst geht er in den eigentlichen Moirierprozeß.

Dieser Moirierprozeß vollzieht sich in einer hydraulischen Mangel
mit zwei auf Rollen laufenden Tischen, die sich mittels eines Getriebes
stets in entgegengesetzter Richtung gleichmäßig hin und her bewegen
(Abb. 33). Zwischen diesen Tischen, die heizbar sind, wird die Rolle mit
dem zu moirierenden Stoff gelegt und unter Druck hin und her gerollt,
wobei sich das Moiré bildet, indem die Schußfäden sich in die ihnen gegen-
überliegenden Rillen einbetten und stellenweise in die nebenan liegende
Rille überspringen. An diesen Kreuzungsstellen zerdrückt ein Faden
den anderen so, daß eine Art Rille quer oder diagonal zu den Schußfäden sich über diese hinzieht. Diese Rillen oder Adern wiederholen sich

so oft, als Fadenkreuzungen eintreten, und ergeben in Verbindung mit den spiegelnden Rillen das Moiré antique.

Da infolge der Tafelung nicht alle Stellen des Stückes gleichartig beeinflußt werden, muß die Ware umgetafelt und nochmals dem Prozeß unterworfen werden, bis ein gleichmäßiges Bild erreicht wird.

Eine weitere Gruppe bilden die figürlichen Moirés. Diese werden schon auf dem Webstuhl vorbereitet, indem der Schuß, der die Rippen bildet, nicht wie bei den vorher beschriebenen Arten gerade eingewebt wird, sondern der Schuß wird mittels sinnreich konstruierter Rieter direkt auf dem Webstuhl in Bogen gelegt, und zwar nach ganz bestimmter Regel, die für die gewollte Musterung vorgesehen ist. Auf diese Weise kann der Weber bestimmte geometrische, ornamentale oder Blumenmuster erzielen, die nach dem Pressen der Ware in Moiréspieglung erscheinen. Abgepaßte Schürzen und Tücher mit Rand und Innenmusterung in Moiré

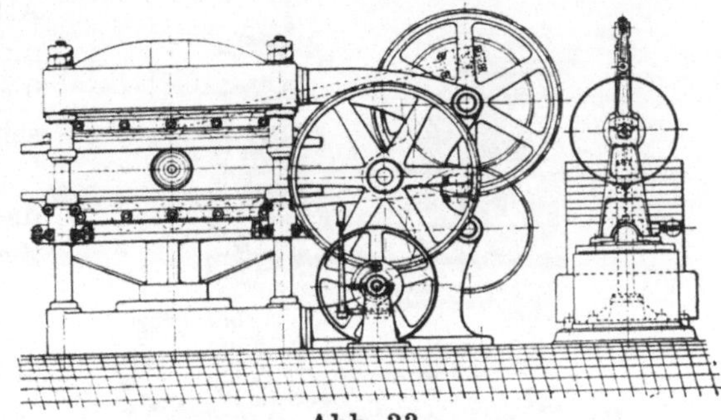

Abb. 33.

sind mittels des besonderen Rietes in vollendeter Form herstellbar.

Nicht lange dauerte es, nachdem diese Neuheit im Markte erschien, bis man versuchte, die figürlichen Effekte auch auf schußgerade gewebten Waren hervorzubringen, was auch schließlich gelang.

Man legt unter rotierenden Kratzenmessern eine dem gewollten Muster entsprechend ausgestochene Gummi- oder Filzwalze, zieht die halbe Stoffbahn in langsamem Fortschreiten über die Musterwalze und läßt die rotierenden Messer die Rippen bearbeiten, so daß diese nicht mehr schußgerade, sondern wellig und zusammengeschoben im Gewebe liegen, so wie die Musterwalze es vorschreibt. Im Anschluß an diese Vorbereitung faltet man das Gewebe in der Länge so zusammen, daß die schußgrade Warenhälfte auf die verzogene Hälfte zu liegen kommt, verknotet die eingewebten Bindfäden an den Schußenden, rollt die Ware auf einen Holzbaum und schickt sie durch den Kalander (Abb. 31). Das Ergebnis ist, wenn auch nicht ganz so einwandfrei wie bei krummgewebten Fäden, durchaus schön und ansprechend.

Moiréware wird auch in Streifenmusterung verlangt, wozu das Gewebe einen Streifen Satin und einen Streifen Ripps aufweist. Solche Ware wird entweder dubliert, oder es werden zwei Stücke so aufeinandergelegt, daß Ripps auf Ripps und Satin auf Satin zu liegen kommt.

Die Rippsstreifen werden auch verzogen, um der Rippe die wellige Lage zu geben, aber man kann die Ware nicht durch den Kalander (Abb. 31) bearbeiten lassen, weil dabei die Satinstreifen derselben Pressung unterworfen würden wie die Rippsstreifen.

Die Satinstreifen würden in diesem Falle verdorben. Um die Zerstörung der Satin- oder Atlasstreifen zu vermeiden, wird die Auspressung des Moirés zwischen zwei Walzen bewirkt, deren eine streifige Vertiefungen aufweist, die genau den Atlasstreifen entsprechen. Zwischen diesen Walzen wird die Ware durchgeführt, und nur die Rippsstreifen erhalten Pressung mit dem Ergebnis der Moirébildung, während die Atlasstreifen von den Walzen nicht berührt werden und ihr natürlich schönes Aussehen behalten.

Abb. 34.

Der Kalander (Abb. 34) dient dieser Ausführungsart. Zwischen zwei glatten Stahlwalzen liegt eine Papierwalze, in die die Streifenmusterung eingedreht ist; die Stahlwalzen sind beide geheizt. Die Ware wird zwischen unterer Stahlwalze und Papierwalze durchgeführt. Die obere Stahlwalze hält beim Arbeiten die Papierwalze glatt und heiß, damit der Glätteeffekt auf der Rückseite der Ware mit dem durch die Stahlwalze erzeugten gleichartig ist und ein zweiter Durchgang erspart bleibt. Die Abrollager sind auf einem seitlich hin und her beweglichen Schlitten montiert, um während des Arbeitens den Streifenlauf der Ware gegen die Streifen der Papierwalze durch Hin- und Herschieben der Warenrolle einstellen zu können.

Außer Streifen werden auch Jacquardmuster gewebt, deren Fond Ripps- und deren Muster Satinbindung hat. Diese Stoffe dürfen zum Zwecke der Moirierung ebenfalls nicht dubliert auf dem Kalander 31 gepreßt werden, weil durch den hohen Druck die Satinpartien zerstört würden. Auch kann man den Rippsfond, der verteilt zwischen dem Jacquardmuster liegt, nicht wie bei einheitlicher Ripps- oder Streifenware systematisch verziehen.

Will man diesen Stoff trotzdem in den Rippsstellen moirieren, so wird dies auf Kalander 15 so vorgenommen, daß über der Papierwalze eine Riffelwalze eingelegt wird, die dieselbe Rippenteilung hat wie der Rippsfond. Mit leichtem Druck und 80—100⁰ Hitze preßt man die Rippen der Walze über die Ripps- und Satinstellen.

Der Ripps der Ware, der durch die verschiedenen Behandlungsprozesse nach dem Weben aus seiner geraden Lage in eine gewundene Lage gekommen ist, hat niemals dieselbe Richtung wie die geraden Rippen der gravierten Walze, deshalb erfolgen die Kreuzungen der Gewebe- und Walzenrippen in unbestimmter Weise, und das Ergebnis der Pressung ist ein unregelmäßiges, charakterloses Moiré; da es aber nur in kleinen Flächen in die Erscheinung tritt, wirkt es nicht störend.

Durch die Pressung mit der Rippenwalze wird die Satinbindung des Jacquardgewebes zwar etwas gedrückt, jedoch nicht beschädigt.

Diese Art Moirierung kann auch auf Unirippsgewebe, gleichgültig ob Lang- oder Querrippe, angewendet werden. Zur Augenbildung muß man die Querrippe mittels Kratzwerkzeugen krumm legen, bei Langrippe dagegen verschiebt man die Warenbahn mittels Changiervorrichtung in seitlicher Richtung.

Auch die Samtweberei bringt von Zeit zu Zeit Moiréeffekte in Streifenform, wobei ein Streifen Samt und ein Streifen Ripps abwechselnd nebeneinanderliegen.

Es ist nun nicht angängig, Samtware im dublierten Zustande auf einem der vorbeschriebenen Moirierkalander zu pressen, weil dabei die Flur vollständig verdorben würde.

Für Samtware mußte wieder ein anderes Verfahren gefunden und angewandt werden, welches darin besteht, daß man vor allem den Ripps in den Streifen nicht wellig legt, sondern ihn in seiner geraden Lage beläßt und die Ware als einzelne Bahn behandelt, indem man als Ersatz für die fehlende zweite Warenbahn einen der Streifenbreite entsprechenden Ring mit gewellter Gravur, der Rippenteilung entsprechend, herstellt und damit die Rippsstreifen überpreßt.

Zur Ausübung dieses Verfahrens benutzt man einen leichten Kalander, wie er in Abb. 15 gezeigt wird. Über der Papierwalze wird eine Stahlspindel eingelegt, auf dieser wird der erwähnte Ring mit der gekrümmten oder welligen Riffelgravur aufgesetzt und befestigt. Mit leichtem Druck und etwa 120⁰ Hitze wird nun Streifen für Streifen überpreßt, wobei die krummen Rippen des Ringes die geraden Rippen des Stoffes an den Kreuzungsstellen niederdrücken und das Moirébild hervorrufen.

6*

Leinen und Halbleinen

wird ebenfalls mit Moiré ausgerüstet. Die Ware wird zu diesem Zwecke
fest auf einer Holzrolle aufgerollt und in einer Kastenmangel so lange
hin und her gerollt, bis das Moirébild in die Erscheinung tritt.

Endlich verdient noch

die Moirierung von Bändern

eingehende Erörterung.

Man unterscheidet einseitig und doppelseitig moirierte Bänder.
Herrenhutbänder, Ordensbänder u. dgl., die nach der Verarbeitung nur
eine Seite zur Schau tragen, wer-
den doppelt gelegt und durch zwei
glatte Walzen gegeneinanderge-
preßt. Selbstredend muß zur
Moirébildung die Rippung des
einen Bandes verzogen werden.
Dies geschieht durch eine vor
den Walzen angebrachte Kratzvorrichtung, über die das Band
mit Spannung geführt wird.

Die Moirierung kann zwi-
schen zwei Stahlwalzen, die beide
geheizt sind, ausgeführt werden,
jedoch ist große Vorsicht nötig,
da bei zu hohem Druck die aufeinanderliegenden Bänder leicht
zerquetscht werden können. Man
zieht es daher vor, auf dem
Kalander (Abb. 35) zu arbeiten.
Dieser hat oben und unten je eine
Stahlwalze und dazwischen-
liegend zwei Papierwalzen.

Die zwei durch Gas geheizte
Stahlwalzen heizen ihrerseits
wieder die Papierwalzen, die aus

Abb. 35.

besonders hartem widerstandsfähigen Papier hergestellt sind, indem
sie andauernd Wärme daran abgeben.

Das doppelt gelegte Band läuft ziwschen den beiden Papierwalzen
durch, erhält auf der Innenbahn das Moiré und auf der Außenbahn die
Glätte der Papierwalzen.

Anders liegt der Fall bei solchen Bändern, die das Moiré von beiden
Seiten zeigen müssen, z. B. Schleifen, Schärpen und Haarbänder,
flatternde Damenhutbänder und Dekorationsbänder usw.·

Die Erzeugung von Moiré auf beiden Seiten der Bänder ist umständlicher als die vorgenannte einseitige Ausführung. Man benötigt dazu eine besondere Bandmoiriermaschine mit drei Walzen (Abb. 36).

Die untere und obere Walze sind aus Stahl und mit einer Rippengravur versehen, die genau mit der Rippenteilung des zu moirierenden Bandes übereinstimmt.

Zwischen diesen beiden Walzen liegt eine Papierwalze. Mittels Stellvorrichtungen werden die beiden gravierten Walzen in ihrer axialen Lage so eingestellt, daß ihre Rippen auf der Papierwalze zusammenfallen und diese beim weiteren Arbeiten unter Druck die gleiche Rippung erhält wie die Stahlwalzen.

Vor dem Einlauf an der oberen Stahlwalze ist eine Kratzvorrichtung angebracht, die den Ripps des Bandes verziehen soll, damit er wellig liegt und sich mit den geraden Rippen der Walzen kreuzt. Das Band läuft nun über die Kratzenvorrichtung in die Walzen hinein, die gerippte Stahlwalze bearbeitet die obere Seite des Bandes und die gerippte Papierwalze die untere Seite des Bandes, wobei der gewünschte Moiréeffekt erzielt wird, und zwar gleichzeitig auf beiden Seiten des Bandes und in gleicher Art.

Abb. 36.

Die Moirierung kann natürlich auch umgekehrt, also zwischen der unteren Stahlwalze und der Papierwalze erfolgen, wenn die Kratzvorrichtung vor dem Einlauf dieser Walzen angebracht wird und die Heizung der Stahlwalzen entsprechend umgekehrt erfolgt. Die Heizung bei allen Bandmoiriermaschinen erfolgt durch Gas, der Druck durch Schraubenspindeln, entweder unabhängig voneinander, wie bei Abb. 36, oder in abhängiger Weise durch parallele Anpressung, indem die beiden Druckspindeln durch Zahnräder miteinander verbunden sind, wie auf Abb. 56.

Die Papiergaufrage.

In der Einleitung habe ich erwähnt, daß Papiere schon im Jahre 1806 gaufriert wurden, so daß man annehmen darf, daß Gaufrage auf Papier mit zuerst Anwendung fand. Die damaligen schüchternen Versuche haben dieser Veredlung aber den Weg zur heutigen ungeheuren Ausdehnung gebahnt. Fast jede feinere papiererzeugende und weiterverarbeitende Fabrik oder Werkstätte hat heute wenigstens einen Gaufrierkalander in Betrieb.

Vor allem ist es

die Buntpapiergaufrage,

die auf dem Gebiete tonangebend vorgeht und es verstanden hat, sowohl ihre Papiere selbst als auch deren Gaufrage den vielen hunderten Zwecken des Verbrauches anzupassen. Die vorher mit Farben ge-

Abb. 37.

strichenen und geglätteten dünnen Papiere werden entweder in Bogenform gaufriert oder in langen Bahnen, die später zu Bogen zerschnitten werden. Die Bogengaufrage erfolgt auf einem Kalander nach Abb. 37, der unten die Papierwalze und darüber die gravierte Walze, beide durch Rapporträder verbunden, aufweist. Der Druck kann entweder durch Schrauben oder Hebel ausgeübt werden und beträgt 400—800 kg je 10 cm Walzenbreite. Die Gaufrage erfolgt mit kalten Walzen. Die Eigenart der Bogengaufriermaschine wird gekennzeichnet durch die vor und hinter den Walzen angebrachten Tische. Vor den Walzen auf dem Tische liegt das ungaufrierte Papier, dahinter werden die gaufrierten Bogen auf dem Tische abgelegt. Häufig wird der vordere Tisch jedoch ebenfalls hinter der Stahlwalze hochliegend angebracht, damit besonders bei ganz dünnen Papieren der Gaufreur, der dann dicht vor den Walzen steht, die Bogen mit beiden Händen auf der Stahlwalze faltenlos halten kann. Der Ablegetisch liegt in diesem Falle fast auf dem Boden, um dem die Bogen abnehmenden Arbeiter Platz zu lassen. Abroll- und Aufrollvorrichtung fehlen.

Die Bogengaufrage wird nur noch vereinzelt ausgeführt, da die Produktion infolge der Pausen zwischen den einzelnen Bogen um annähernd 20% geringer ist als bei der kontinuierlichen Gaufrage in langen Bahnen, und weil beständig zwei Personen zur Bedienung nötig sind.

Die meist ausgeübte Art ist die Rollengaufrage der Papiere in langen Bahnen von 100 oder auch 1000 m Länge. Die Walzenanordnung ist dieselbe wie bei der Bogengaufrage, ebenfalls die Druckverhältnisse. Die Ab- und Aufrollvorrichtungen dienen den aufgerollten und aufzurollenden Papierbahnen.

Diese Maschine, die mit Abb. 15 gekennzeichnet ist, hat den großen Vorteil, daß nur eine Person zur Bedienung nötig ist, die jedoch bei lange laufenden Bahnen eine zweite und gegebenenfalls auch noch eine dritte Maschine mit beaufsichtigen kann; denn bei richtiger Einstellung und bruchfreiem Papier läuft eine Rolle von 500 m Länge mit 20 m Geschwindigkeit in der Minute 25 Minuten ohne persönlichen Eingriff.

Die Maschinen der Abb. 15 und 37 werden gewöhnlich in einer Breite von 700 mm ausgeführt, die Stahlwalze erhält einen Durchmesser von 150 mm, die Papierwalze einen solchen von 305 mm, bei breiteren oder schmäleren Maschinen vergrößern oder verkleinern sich die Durchmesser. Im übrigen richtet sich die Bauart der Maschine hinsichtlich ihrer Stärke stets nach den Anforderungen, die das zu gaufrierende Material an die Druckverhältnisse der Gaufriermaschine stellt. Es kann somit vorkommen, daß harte, dicke Papiere zur scharfen Auspressung des Musters eine kräftiger gebaute Maschine verlangen als dünne Papiere; das System der Maschine bleibt aber stets dasselbe. Die Musterungen für Buntpapier sind tausendfältig und wechseln mit der Geschmacksrichtung der Zeit.

Außer der einfachen Gaufrage werden auch Musterungen dadurch zuwege gebracht, daß man das matt gefärbte Papier stellenweise glättet und stellenweise matt läßt. Dieses erreicht man auf dem dreiwalzigen Kalander (Abb. 38), dessen untere Stahlwalze eine Gravur trägt, die sich im Rapport in der Papierwalze einbettet. Die oberste der drei Walzen ist blank poliert und friktioniert gegen die Papierwalze, d. h. sie hat höhere Metergeschwindigkeit als die Papierwalze. Das Papier wird nur durch die beiden oberen Walzen geführt, und zwar mit der Farbseite gegen die blank polierte Metallwalze. Infolge der höheren Adhäsionsfähigkeit der Papierwalze haftet das zu musternde Papier an deren Oberfläche, und die polierte Metallwalze schleift über die Farb-

seite des Papiers. Infolge der reibenden Wirkung der polierten Walze
wird das Papier an den Stellen geglättet, wo es auf die erhabenen Stellen
der Musterung der Papierwalze aufliegt. Zweckmäßigerweise wählt man
nur scharf begrenzte Flächenmuster (Abb. 38).

Lithographische Papiere

werden genau wie Buntpapiere mit den besonders in Frage kommenden
feinen Musterungen gaufriert. Grobe oder hohes Relief bildende Muster
sind für diese Papiere nicht anwendbar. Da Steindruck nur auf Bogen
ausgeführt wird, kommt für lithographische Papiere nur der Bogen-
gaufrierkalander 37 zur Anwendung.

Tapetenpapiere,

die auf Druckmaschinen die eigentliche Musterung durch Farbendruck
erhalten, werden zum größten Teile später noch auf der Gaufriermaschine

Abb. 38.

mit einer einfachen Rippengravur, Gewebefond, Korn- oder feinen
Narbengravur überpreßt, damit das Stumpfe des einfachen Farben-
druckes etwas behoben wird. Auch hierzu bedient man sich der
Kalander 15 und 39, wenn eine Produktion von 30 m in der Minute genügt.
Wird eine höhere Produktion verlangt, so muß der Kalander mit seinen
Walzen der verlangten Geschwindigkeit entsprechend stärker gebaut
sein, damit er den bei höherer Geschwindigkeit auftretenden Er-
schütterungen gewachsen ist.

Nicht nur vorgedruckte Papiere werden in der Tapetenindustrie gaufriert, sondern auch ungedruckte Papiere. Diese erhalten meist Gewebeimitation in hoher Reliefprägung, die vielfach später erst bemalt wird, ebenso wie Tonplattenimitationen, ferner Nachahmungen von Gips- und Zementwandbewurf. Außerdem werden in umfangreicher Weise Lederimitationen hergestellt, die auf lederartig vorgefärbtem Grundstoff eingeprägt und später von Hand oder mechanisch im Grund getönt werden. Diese erscheinen dann als die bekannten Ledertapeten im Handel.

In der Tapetenindustrie sowohl wie in anderen papierverarbeitenden Industrien wird auch der mit einem Farbwerk versehene Kalander immer mehr angewandt. Bei diesem Gaufrierkalander (Abb. 39, der im allge-meinen mit 15 übereinstimmt) ist am Wareneinlaß ein Farbwerk eingebaut, das in der Hauptsache aus drei Walzen besteht, deren untere sich in einem mit Farbe angefüllten Becken dreht, dort Farbe annimmt, sie an die dar-überliegende Gummiwalze ab-gibt und gleichmäßig darauf ver-teilt, diese wiederum gibt die Farbe in dünner Schicht an die seitlich vorgelagerte Gelatine-walze ab, wo sie durch eine hin-und herschiebende Verreibewalze noch weiter zur gleichmäßigen Auflage verarbeitet wird. Diese dritte, mit Farbe leicht über-zogene, sehr elastische Walze wird mittels einer Stellvorrich-tung, die das ganze Farbwerk be-

Abb. 39.

einflußt, gegen die gravierte Stahlwalze gedrückt und gibt an die hoch-liegenden Stellen der Gravur Farbe ab. Die so mit Farbe überzogene gravierte Walze druckt nun beim Gaufrageprozeß die auf ihrer Ober-fläche aufgetragene Farbe in den Grund des Musters auf der Papierbahn ein. Gaufrage und Druck wird also gleichzeitig ausgeführt.

Auf einer Maschine mit einem Farbwerk kann man natürlich nur zweifarbige Effekte erzielen, d. h. der Grund des Musters erhält die vom Farbwerk auf die gravierte Walze übertragene Farbe, die im Papier hoch-liegenden Stellen der Musterung behalten die natürliche Farbe des Papiers.

Ganz feine Rippen, Gewebefonds, Geflecht- und Wirkmuster, Leder-, Phantasie- und andere Muster der gröbsten Art erhalten in gleich sauberer

Weise die farbige Auspressung in den tiefliegenden Partien und ergeben wirkungsvollere Muster als in einfacher Gaufrage ohne Farbendruck.

Die Farbengaufrage wird auch mit Erfolg auf anderen Stoffen als Papier angewandt; will man sie auf Gewebe anwenden, so muß die sonst bei Geweben angewandte hohe Hitze in Fortfall kommen, da die flüssige Farbe auf einer heißen Walze naturgemäß sofort eintrocknen würde. Die fehlende Hitze muß durch der Farbe beigesetzte Klebemittel und Druck ersetzt werden.

Durch Einbau zweier Farbwerke kann man auf der Papierbahn zwei Farben gleichzeitig gaufrieren und drucken, die mit dem andersfarbigen Papier nach dem Austritt aus den Walzen ein dreifarbiges Muster ergeben. Die Gelatinewalzen müssen in diesem Falle den Durchmesser der gravierten Walze aufweisen und derart ausgestochen sein, daß die Vertiefungen der einen Walze den hohen Stellen der anderen Walze gleichen, damit die Farbe der einen Gelatinewalze sich auf der gravierten Walze neben den Farbstellen der anderen Gelatinewalze legt. Zur Erreichung des genauen Zusammenfallens der Farbe stehen die Gelatinewalzen mit der gravierten Walze im Rapportverhältnis und sind untereinander mit Rädern verbunden. Für Tapeten ist die Farbengaufrage noch weiter ausgebaut worden, durch den Bau einer Maschine, welche außer der oben beschriebenen Gaufrage mit Farbwerk noch mehrere reine Drucksysteme angegliedert hat, die durch genaue Einstellung mit dem gaufrierten Muster zusammenfallen und teils durch Vordruck, teils durch Nachdruck dem großzügigen Tapetenmuster die verschiedensten Farbeneffekte verleihen. Diese Maschine fertigt aus dem rohen Papier in einem Zuge eine gaufrierte Tapete mit großzügigem Muster, welches sich dem Auge in sechs Farbentönen darbietet. Theoretisch ist der Vermehrung der Farbentöne keine Grenze gesetzt, wo sich die wirkliche Grenze befindet, entscheidet die Praxis.

Die Tekkotapete

und deren Imitationen, die unter den verschiedensten Namen im Handel erscheinen, werden nicht durch Farbendruck erzeugt, sondern stellen ein reines Gaufrageerzeugnis unter Dienstbarmachung der Lichtbrechung dar. Der Grundstoff der Tapete ist manchmal Baumwollgewebe, meistens jedoch Papier. Dieser Grundstoff wird mit einer farbigen Deckschicht überzogen, die jede Fabrik nach eigenen Formeln und auf Grund ihrer Erfahrungen herstellt. Die vorbereitete Papierbahn kann nun nach zwei Methoden zur Tekkotapete gewandelt werden. Nach der ersten Methode wird die Ware zuerst mit einer feinen Rippengravur in einem Kalander (wie Abb. 22) gaufriert. Nachdem dies geschehen, wird statt der Rippenwalze eine andere Walze in den Kalander gelegt, die so ausgraviert ist, daß das Muster in der Walze 1—3 mm vertieft liegt. Die auf der Walze hochliegenden Stellen sind mit einer Rippengravur versehen, deren Rillen sich mit den Rillen der erstgenannten Stahlwalze kreuzen, sei es nun lotrecht oder in einem anderen Winkel. Mit dieser Walze wird die Ware nochmals überpreßt und damit, dem Muster entsprechend, die erste Rippung stellenweise durch die im anderen Winkel liegende zweite Rippung zerstört und ersetzt. Nunmehr verlaufen die Rillen der Vorpressung und die Rillen der Nachpressung auf der Papierbahn in verschiedenen Richtungen. Infolge der Lichtbrechung an den Böschungswinkeln der Rillen erscheint dann je nach dem auffallenden Lichte der Grund hell und das Muster dunkel, oder umgekehrt, je nach Lage der Tapetenbahn. Je feiner die Rippung, um so seidiger ist das Aussehen der Tapete. Natürlicherweise gibt es auch dabei Grenzen, die durch die Praxis gezogen werden; diese Grenze liegt bezüglich Feinheit der Rillen für die Seidenimitation in der Tapetenindustrie bei 7 Rillen auf 1 mm, ohne damit die Anwendung feinerer Rippungen auszuschließen.

Die vorgeschriebene erste Methode hat den Nachteil der doppelten Arbeitsaufwendung und des scharfen Überganges vom Grund zum Muster, da die zweite Pressung eine scharfe Linie zeichnet, die beim Gewebe nicht vorhanden ist. Ein weiterer Nachteil ist der, daß die erste Walze für die Auspressung der feinen Rippe über die ganze Breite der Ware den doppelten Druck beansprucht gegenüber der zweiten ausgravierten Walze, die nur einen Teil der Oberfläche der Warenbahn zu bearbeiten hat. Der höhere Druck verursacht eine größere Durchbiegung der Walzen, wodurch sich die Papierwalze unter der ersten Pressung so ballig formt, daß die zweite ausgravierte Walze, die unter geringerem Druck arbeitet, in der Mitte stärker aufliegt als an den Seiten und daher eine ungleich starke Pressung über die Breite der Warenbahn ausübt. Zur Vermeidung dieses Übelstandes muß man zwei Kalander aufstellen, einen zur Vorpressung, den anderen zur Nachpressung.

Die Tekkotapete soll aber das Seidengewebe naturgetreu nachahmen, deshalb wählt man besser die zweite Methode, die in einmaligem Durchgange das vollständige Muster auspreßt. Das ganze in einer Ebene liegende Muster ist durch sich kreuzende Rippungen, verbunden mit sonstigen Nachahmungen von Gewebeeffekten, unter Vermeidung der scharfen Grenzlinien, in sanftem Übergang vom Fond zum Muster auf einer Walze graviert. Die scharfe Auspressung der feinen Rippen über die ganze Breite der Bahn, die gewöhnlich 80 cm beträgt, erfordert mehr Druck als die gewöhnliche Gaufrage, um so mehr, als die Gaufrage ohne Rapporträger vor sich geht und der Rücken der Ware eben bleiben soll. Diesen Anforderungen entspricht der Kalander 22, dessen Stahlwalze mit Dampf geheizt wird, vollkommen. Er übt in diesem Falle einen Druck bis zu 2000 kg je 10 cm Walzenbreite aus und hat eine

Arbeitsgeschwindigkeit bis zu 10 m in der Minute. Billige Tekkoimita-
tionen in schmaler Tapetenbreite werden meist auf einem mit Gold-,
Silber- oder anderer Bronzefarbe gefärbten Papier in sichtbarer Rippung
und ornamentaler Ausschmückung auf Kalander 15 hergestellt.
Grobe Rippung erfordert Rapportgaufrage, feinere Rippung auf nicht
zu hartem Papier kann ohne Rapport geprägt werden.

Linkrustawandbekleidung,

die zur Klasse der Tapeten gehört, wird, wie eingangs erwähnt, nicht
dem eigentlichen Sinne nach gaufriert, sondern die auf einer Papierbahn

Abb. 40.

aufgetragene Masse, aus Kork- oder Holzmehl und Leinöl bestehend, wird
zum Muster nur geformt.

Die Abb. 40 veranschaulicht den Linkrustakalander, mit dem der
ganze Prozeß der Fertigstellung erfolgt. Die auf der Abbildung uns
zugekehrte Seite des Kalanders ist die Einführungsseite. Auf der unten
liegenden Vierkantachse, die mit einer Bremsvorrichtung verbunden
ist, wird die Holzrolle, die die Papierbahn trägt, aufgesteckt. Das Papier
geht durch die beiden darüberliegenden Führungsrollen über einen Tisch
geradenwegs zwischen zwei Hartgußwalzen, die, wie rechts seitlich zu
ersehen ist, mittels zweier Räder verbunden sind. Vor den beiden
Walzen, dort, wo das Papier über den Tisch streicht, wird der fertig-
gemahlene Teig, aus Holz oder Korkmehl und Leinöl bestehend, auf-

getragen, um mit dem Papier durch die beiden Hartgußwalzen, deren untere erwärmt wird, zu gehen. Zwischen diesen Walzen, die mittels Parallelstellung, die sich oben auf den Ständern befindet, genau gegeneinander einstellbar sind, wird die Auftragsschicht der Teigmasse in der dem Muster entsprechenden Stärke ausgewalzt. Das nunmehr mit der Linkrustamasse überzogene Papier wird um die untere Hartgußwalze lotrecht nach unten zu einer Leitrolle geführt.

Auf diesem Wege trifft das überzogene Papier die gravierte Walze, die auf einem Stahldorn sitzend, hinter der unteren Hartgußwalze liegt. Sie ist mittels eines Rapportrades mit dem Zahnrad der unteren Hart-

gußwalze verbunden und kann durch Schraubenspindeln der Hartgußwalze genähert oder davon entfernt werden. Das mit Linkrustateig überzogene Papier wird zwischen Hartguß- und gravierter Walze gemustert, indem die Gravur sich in den Überzug eindrückt und mit dem Aufwurfmaterial die Vertiefungen der Gravur füllt. Nach dem Verlassen der gravierten Walze geht die nunmehr fertige Linkrustawandbekleidung um die genannte Leitrolle herum zu einer Abzugwalze, die

Abb. 41.

die gemusterte Wandbekleidung einem langen Tisch zuführt, wo sie auf Länge geschnitten und gerollt wird. Diese Rollen werden entweder roh versandt oder auch vor dem Versand bemalt.

Zur Großproduktion hat man auch auf kleinem Raume für die Papiergaufrage einen Kalander konstruiert, der in der Abb. 41 gezeigt wird und in seinem Aufbau drei Kalander vereinigt. Drei Walzensätze mit drei verschiedenen Mustern sind in den beiden Seitenständern übereinander angeordnet. Alle drei Walzensätze haben jeder für sich besondere Druckvorrichtungen, Ab- und Aufrollvorrichtung und besonderen Antrieb, so daß jeder Walzensatz unabhängig von dem anderen arbeiten kann, dabei ist es gleichgültig, ob nur ein Walzensatz in Betrieb ist, oder ob alle drei gleichzeitig arbeiten.

Die Vorteile in bezug auf Raumausnutzung, Walzenwechsel, Produktion und Bedienung liegen auf der Hand.

Zeichenpapiere

müssen eine rauhe Oberfläche haben und sind gewöhnlich mit einem körnigen oder kleinen wolkigen Muster überpreßt. Die Papiere werden fast bis zu 2 m Breite hergestellt und bedürfen zu ihrer Gaufrage eines der Papierbreite entsprechenden Kalanders. Da die Gravuren nicht diffiziler Art sind und ihnen eine obere mitlaufende Papierwalze nicht schadet, wählte man für diese Gaufrage den dreiwalzigen Kalander (Abb. 18), um die Stahlwalze leichter halten zu können und den Kraft-

Abb. 42.

verbrauch der Maschine auf das geringste Maß zu bringen. Hebeldruck bis zu 2000 kg je 10 cm Walzenbreite preßt die drei Walzen, von denen die mittlere gravierte Walze mit Dampf heizbar ist, zusammen. Bei dünnen Papieren arbeitet die gravierte Stahlwalze mit der unteren Papierwalze im Rapport, bei dickem Papier ist dies nicht unbedingt erforderlich. 10 m Geschwindigkeit ist üblich.

Filigranpapiere,

die unter anderem zur Zigarettenherstellung und feinen Verpackungseinlagen der mannigfaltigsten Arten Verwendung finden, besitzen als Hauptmerkmal die Transparenz in der feinaderigen Linienführung des Musters. Die Behandlungsart zur Erzielung der Transparenz weicht von der üblichen Gaufrage ab, weil kein Relief gebildet werden darf, sondern nur ein schattenhaftes Muster in Form von Linien, Schriftzeichen und kleinen Figuren hervorgebracht werden soll. Hält man das in obiger Art geprägte dünne Seidenpapier gegen das Licht, so erscheint das Muster helleuchtend transparent, wohingegen die außerhalb der Prägestellen liegenden Partien dunkel erscheinen. In der Aufsicht ist das Verhältnis umgekehrt, da das weiße Papier an den nicht geprägten Stellen weiß bleibt und an den gepreßten Stellen einen dunkleren Ton annimmt. Der mit der Abb. 42 gezeigte Filigranierkalander dient zur Ausführung der Filigranage. Er hat in seinen Seitenständern unten eine Hartgußwalze gelagert, darüber eine Papier- oder Baumwollwalze, darüber die heizbare gravierte Walze, darüber eine Papier- oder Baumwollwalze und als oberste eine Hartgußwalze.

Rechts auf der Abbildung ist der Antriebsmechanismus mit seinen zwei Geschwindigkeiten ersichtlich, die kleine mit 5 m und die große mit etwa 40 m in der Minute. Die kleine Geschwindigkeit wird benutzt zum Einführen des Papiers, gleichgültig, ob es durch alle fünf Walzen oder nur durch die zwei Berührungsstellen der gravierten Walze geführt werden soll. Sobald die Durchführung erfolgt ist, schaltet man die große Geschwindigkeit ein und das Papier läuft mit 40 m Geschwindigkeit von der Rolle ab durch die Walzen und rollt sich hinter der Maschine wieder auf. Links auf der Abbildung erkennt man die Changiervorrichtung, die im Schneckengang die beiden Papierwalzen während des Laufes hin und her bewegt, damit die Gravur auch seitlich ihre Stellung zur Papierwalze ändert, diese nach und nach gleichmäßig beeinflußt und auf diese Weise schadhafte Eindrücke verhindert, sowie Streifenbildungen ausschließt. Die obere und untere Hartgußwalze dienen in der Hauptsache zum Glatt- und Ebenhalten der beiden Papierwalzen während des Durchganges des Papiers zwischen gravierter Walze und den beiden Papierwalzen. Wird das Papier durch alle fünf Walzen geführt, so wirken sie als Glättwalzen auf die durchlaufende Papierbahn.

Wasserzeichen

für Schreib- und ähnliche Papiere werden eigentlich auf der Bütte oder der Papiermaschine direkt hergestellt.

Es gibt aber unendlich viele Fälle, wo irgendein ungemustertes Papier nachträglich mit einem transparenten Muster, Schriftzeichen oder Fabrikmarke versehen werden muß. Handelt es sich um Leinen- oder andere Gewebeimitation, so legt man einen Bogen Papier auf einen gleich großen Gewebeabschnitt, darüber wieder Papier, darüber wieder Gewebe und so fort bis zu einer Höhe von 3—5 cm oder auch höher. Der ganze Stoß wird zwischen zwei Metallplatten gelegt und unter Druck durch ein Walzwerk geschickt, wobei die Papierbogen den Eindruck der

Gewebebindung erhalten und gleichzeitig an den starken Druckstellen
transparent werden.

Statt der Gewebeabschnitte kann man anders geartetes Material
mit ungleicher Oberfläche verwenden oder auch künstlich hergestellte
Preßbogen aus Papier oder Karton mit aufgelegter Musterung, wie sie
Max Schubert in seinem Buche „Die Praxis der Papierfabrikation"
(S. 266—273) eingehend beschrieben hat. Die Auspressung erfolgt auf
einem Walzwerke der Abb. 43.

Auch auf der Gaufriermaschine (Abb. 15 und bei breiteren Papieren
Abb. 22) erzielt man auf dickeren Papieren die transparenten Effekte,
der jeweiligen Gravur entsprechend, wenn man ohne Rapport gegen
eine harte widerstandsfähige Papierwalze arbeitet, die gegen Eindrücke

Abb. 43.

der Gravur fast unempfindlich ist. Die hochliegenden Stellen der Gravur
rufen durch ihren scharfen Druck gegen die Papierbahn die Transparenz
hervor; die tiefer liegenden ergeben wenig oder gar keinen Druck und
infolgedessen keine Transparenz.

Handelt es sich um streifig wirkende Muster, so muß die Changiervorrichtung des Filigranierkalanders 42 dem Gaufrierkalander an-
gebaut werden, damit die Musterung der Stahlwalze seitlich ihre Lage
zur Papierwalze wechseln kann, deren Oberfläche dadurch eben erhalten wird.

Die soeben beschriebene Art der Herstellung transparenter Musterungen für Schreibpapiere geschieht auf Papieren in Bogenform. Dieses
Verfahren ist sehr zeitraubend, daher besann die Technik sich darauf,
das Verfahren so weit als möglich kontinuierlich in langen Bahnen auszuführen, was auch schließlich hinsichtlich der Gewebeimitationen auf dem

Echt-Leinen-Kalander

(Abb. 44) zur Durchführung kam. Auf diesem Kalander wird eine 1000 oder mehr Meter messende Papierbahn mit einer transparenten Leinen- oder anderen Gewebemusterung versehen, ohne daß es erforderlich wäre, die Papierbahn vorher zu Bogen zu zerschneiden.

Der Echt-Leinen-Kalander hat in seinen Ständern unten eine Papierwalze, darüber eine Metallwalze gelagert. Über der Metallwalze

Abb. 44.

liegen zwei Rollbäume, dessen vorderer eine Leinenbahn von beispiels- weise 200 m Länge aufgerollt trägt. Diese Leinenbahn wird um die Metallwalze zum hinteren Rollbaum geleitet, auf dem sie sich beim Gang der Maschine aufrollt. Desgleichen liegen unter der Papierwalze zwei Rollbäume; der vordere trägt wie oben eine Leinenbahn, die um die Papierwalze zur hinteren Rolle geführt wird. In der Drucklinie zwischen Metall- und Papierwalze berühren sich die beiden Leinenbahnen. Der gleichmäßigen Abrollung wegen sind die Metall- und Papierwalze durch Räder miteinander verbunden. Vor den beiden Walzen liegt die Abroll- vorrichtung für die Papierbahn, hinter den Walzen liegt die Aufrollvor-

richtung dazu. Der Antrieb der Maschine ist für Vorwärtslauf und Rücklauf eingerichtet.

Das zu prägende Papier wird unter Benutzung des Vorlaufganges
zwischen die beiden mit den Leinenbahnen überdeckten Walzen eingeführt, dort durch die beiden mitlaufenden Leinenbahnen einer Pressung
unterworfen, wobei es den leinenartigen Charakter verbunden mit
Transparenz erhält. Ein Druck bis zu 2000 kg je 10 cm Walzenbreite
bringt das gewünschte Ergebnis hervor; die Geschwindigkeit beträgt
etwa 15—20 m in der Minute. Die 200 m lange Leinenbahn steht nun
in einem Mißverhältnis zu der 1000 oder mehr Meter langen Papierbahn.
Es würde aber untunlich sein, die Leinenbahn der Papierlänge gleich zu
nehmen, weil die Leinenrollen außerordentlich dick und die Anschaffungs-
preise außerordentlich hohe sein würden. Um mit der kürzeren Leinenbahn zurechtzukommen, ist der Kalander so eingerichtet, daß er sich
automatisch still stellt, bevor die beiden Leinenbahnen zu Ende gehen,
was bei etwa 190 m der Fall ist.

Im gleichen Augenblick stellt sich auch automatisch der Druck ab,
und die beiden Walzen entfernen sich so weit voneinander, daß die sie
überdeckenden Leinenbahnen keine Berührung mehr mit dem zu
prägenden Papier haben. Jetzt schaltet sich automatisch der Vorlauf
des Antriebes aus und automatisch schaltet sich dessen Rücklauf, der
mit etwa 40 m in der Minute arbeitet, ein. Der Rücklauf erfüllt weiter
keine Aufgabe als nur die Rückrollung der oberen und unteren je 190 m
langen Leinenbahnen auf den vorderen Holzbaum. Die Papierbahn
ruht während der Zeit.

Sobald die Rückrollung der Leinenbahn erfolgt ist, schaltet der
Rücklauf automatisch aus, der Vorlauf schaltet sich automatisch wieder
ein, automatisch gibt die Maschine Druck, und nachdem die Hebel mit
der Belastung die Walzen wieder gegeneinander gepreßt haben, setzen
sich die Walzen automatisch in Umdrehung, nehmen Leinenbahnen
und Papierbahn mit und prägen weitere 190 m Papier. Dieses Spiel der
Ein- und Ausschaltung wiederholt sich so oft, als es zur Fertigstellung
der 1000 oder mehrere 1000 m messenden Papierbahn bedarf. Das
Produkt ist ein vollkommen einwandfreies, schön geprägtes und trans-
parentes Papier, das später zu Bogen in den jeweils verlangten Größen
geschnitten wird. In manchen Papierfabriken hat dieser Kalander die
Bogenbehandlung, soweit Leinenmusterung mit Transparenz in Frage
steht, völlig verdrängt.

Wellpappen-, Erbsen- und Pyramidenpapiere.

Diese zu Verpackungszwecken verwendeten, überaus hoch geprägten
dünnen Strohpappen und auch Papiere bis zur Feinheit der Seiden-
papiere können nicht oder nur unvollkommen zwischen Stahl- und Papier-

walze geprägt werden, weil durch deren innige Anschmiegung unter Druck die Papiere und Pappen rissig werden, und weil es viele Mühe kostet, mit der tiefen Gravur das Negativ in der Papierwalze herzustellen.

Eine vollkommene Prägung erzielt man nur zwischen zwei Metallwalzen, deren Erbsenmuster durch Abb. 45 veranschaulicht wird. Selbstredend müssen beide Metallwalzen haargenau ineinanderfallen, so daß jede der beiden Walzen das genaue Positiv und Negativ der anderen Walze bildet.

Diese Walzen werden in einen Kalander wie Abb. 15 gelegt, dessen Lagerkörper verstellbar eingerichtet sind, damit die Walzen ohne Zwang im Kalander ineinanderliegen. Unter leichtem Druck, der den dickeren oder dünneren Papieren angepaßt werden muß, rollen sich die Walzen gegeneinander ab. Die Heizung erfolgt durch Dampf. Die Papiere oder Pappen, die etwas angefeuchtet werden, laufen von einer Rolle, die in den Abrollagern liegt, ab, erhalten unter gleichzeitiger Trocknung zwischen den heißen Metallwalzen die auf beiden Seiten der Papierbahn gleich ausschauende Prägung der Wellen, Kügelchen oder Pyramiden und rollen bei der Aufrollvorrichtung ohne Spannung auf, damit das Relief nicht gestört wird. Nachher werden die geprägten Bahnen zu Bogen geschnitten. Die Pappen und Papiere können auch als Bogen die Walzen durchlaufen, der Prägeeffekt ist derselbe wie bei der Prägung langer Bahnen.

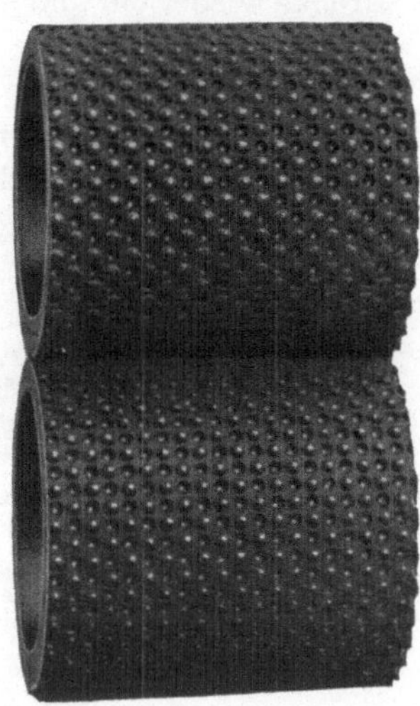

Abb. 45.

Die Pappenprägung.

Pappen werden meistens in Form von Bogen gaufriert; sie erfordern fast immer einen glatten Rücken des Bogens, so daß eine negativ ausgebildete Gegenwalze außer Frage steht. Ausnahmen gibt es auch in diesem Falle; darauf komme ich später zurück.

Die Abb. 46 zeigt den Pappenprägekalander für dünne Pappen und Kartons. Das ganze Muster muß voll in der Oberfläche der Pappe ausgeprägt werden, ohne ein Relief auf der Rückseite der Pappe zu erzeugen. Wenn auch in manchen Fällen bei weichen Pappen diese Musterung mit gewöhnlichen Druckmitteln zu erzielen ist, so wählt man doch vorsichtigerweise das Universalmittel des hydraulischen Druckes und baut den Kalander so kräftig, daß er allen Ansprüchen bis zum härtesten Karton gewachsen ist.

In den Oberlagern ruht die gravierte Walze, darunter die Papierwalze und in den Unterlagern liegt eine glatte Stahl- oder Hartgußwalze. Die Walzen sind untereinander mit Rädern verbunden, damit ein Nachschleppen der unteren glatten Walze ausgeschlossen ist. Die gravierte Walze prägt das Muster in die Oberfläche der dünnen Pappe ein, und die untere glatte Metallwalze ebnet die durch die Unterbrechung zwischen den einzelnen Bogen in der Papierwalze entstehenden Eindrücke wieder ein und hält die Papierwalze andauernd glatt. Gewöhnlich erfolgt die Gaufrage mit kalter Walze. Der Druck kann bis zu 2500 kg je 10 cm Walzenbreite gesteigert werden; die Arbeitsgeschwindigkeit beträgt 8—10 m in der Minute.

Die Gaufrage dicker Pappen wird zwischen zwei Metallwalzen

Abb. 46.

ausgeführt. Die Abb. 47 zeigt in den Oberlagern die gravierte Walze, darunter die glatte Gegenwalze, die so eingestellt sein müssen, daß sie miteinander nicht in Berührung kommen können. Zwischen diesen beiden Metallwalzen, die des gleichmäßigen Transportes wegen mit Zahnrädern verbunden sind, werden die Pappen unter hydraulischem Druck geprägt. Auch bei diesem Kalander geht das Druckvermögen bis zu 2500 kg je 10 cm Walzenbreite; die Geschwindigkeit beträgt 8—10 m in der Minute.

Geradeso wie bei der Papierprägung, wird auch bei der Pappenprägung der Farbendruck in Verbindung mit der Prägung ausgeführt. Zu dem Zwecke wird ein der Walzenbreite entsprechendes Farbwerk den Walzen vorgelagert, das die Farbe auf die oberen Partien der Gravur

überträgt, von wo sie während der Prägung an die Pappe wieder ab-
gegeben wird. Das Muster erscheint darauf zweifarbig, und zwar erhält
der Grund der Musterung die aufgeprägte Farbe; die hochliegenden
Stellen der Musterung zeigen die Farben der Pappe.

Da die gravierte Walze mit der Gegenwalze auf der Gravurfläche
nie in Berührung kommt, ist die Farbengaufrage auf den dicken Bogen
ohne Schwierigkeiten ausführbar, weil die Gegenwalze nie Farbe annimmt. Bei der Prägung mit Papierwalze, deren Oberfläche mit der
Gravur in Fühlung und sogar unter Druck steht, ist die Farbenprägung
auf Bogen ausgeschlossen, weil die Farbe die Papierwalze zwischen den
einzelnen Bogen beschmutzt und diesen Schmutz auf die Rückseiten

Abb. 47.

der nächsten Bogen überträgt. Dieser Übelstand kann durch Verwendung
eines Mitläufers behoben werden.

Vulkanfiberprägung.

Vulkanfiber ist ein äußerst hartes Material; es erfordert zu seiner
Musterung eine besonders kräftige Gaufriermaschine, wie Abb. 48 zeigt.
Obgleich im Prinzip gleich dem Pappenkalander, weist er in allen Teilen
fast doppelt starke Ausführung auf. Der hydraulische Druck kann bis
zu 10000 kg und, falls erforderlich, noch höher je 10 cm Walzenbreite
gesteigert werden. Die Geschwindigkeit beträgt 3—8 m in der Minute,
je nach Härte der Ware. Die gravierte Walze ist mit Dampf heizbar.
Vor dem Einlaß ist eine Streckvorrichtung angebracht, die die Vulkan-

fiberplatten während der Prägung davor bewahrt, sich in Wellen und Beulen zu werfen.

Sowohl in Vulkanfiber als auch in Pappen werden zeitweise Musterungen verlangt, die ein Relief zeigen, welches höher ist als die Pappenstärke. Ich nenne beispielsweise eine kräftige Alligatornarbung. Solche Musterungen können selbstverständlich nicht mit glatter Gegenwalze ausgeführt werden, sondern müssen mit negativ geformter Metallwalze erfolgen. Eine Papierwalze als Gegenwalze kommt gar nicht in Frage,

Abb. 48.

weil sie schon beim Durchgange des ersten Bogens harter Pappe zerstört würde und nicht weiter verwendbar wäre.

Zelluloidprägung.

Das zu allen möglichen Zwecken verwendbare Zelluloid wird in besonders großen Mengen für Herrenkragen und ähnliche Wäschegegenstände verwendet, da es unempfindlich gegen Feuchtigkeit ist und in Farbe der weißen Bügelwäsche täuschend ähnlich herzustellen ist.

Zur Wäschefabrikation werden Zelluloidbogen genommen, die auf der Bogenschneidemaschine glatt geschnitten sind oder, wenn erforderlich, nachträglich noch glatt gepreßt werden. Diesen Bogen muß vor der Weiterverarbeitung das Aussehen eines Leinengewebes verliehen werden, und zwar beiderseitig, weil manche Wäschestücke sowohl die rechte als auch die linke Seite dem Auge darbieten. Der zur Zelluloidbogen-Gaufrage verwendete Kalander wird in der Abb. 38 gezeigt.

In den Oberlagern liegt die mit der Leinengravur versehene Stahlwalze, die durch Dampf heizbar ist, darunter liegt die Papierwalze, die jedoch nicht mit der Stahlwalze im Rapport arbeitet, obgleich sie mit ihr durch Zahnräder verbunden ist. Die Oberfläche der Papierwalze, die infolge der Unterbrechungen der Gaufrage zwischen den einzelnen Bogen durch die gravierte Walze berührt wird, muß glatt bleiben. Aus diesem Grunde liegt unter der Papierwalze noch eine glatte heizbare Metallwalze, die durch die Räderübertragung in gleichmäßiger Umdrehung gehalten wird. Sie wirkt andauernd glättend auf die Papierwalze und walzt unerwünschte Eindrücke wieder eben. Vor der Maschine liegt der Einlegetisch, von dem aus die Zelluloidbogen in gerader Richtung zwischen die Walzen geführt werden. Die gaufrierten Bogen fallen hinter der Maschine auf einen schräg stehenden Ablegetisch. Die Tische fehlen auf der Abbildung.

Die einmal gaufrierten Bogen werden darauf wieder zur Einlaßseite gebracht, gewendet und dann nochmals durch die Walze geführt, damit auch die zweite Fläche gleich der ersten die Leinenmusterung erhält. Außer Leinenmuster werden noch gekörnte, geblümte und Fantasiemuster ausgeführt.

Der durch Hebelbelastung ausgeübte Druck schwankt je nach Feinheit der Gravur zwischen 500 und 1000 kg je 10 cm Walzenbreite. Die Geschwindigkeit beträgt 8—10 m in der Minute.

Für ganz feine Gravuren, in der Art der Seidenfinishmusterung, ist natürlich noch höherer Druck erforderlich.

Schmale Ware, die in langen Bahnen sozusagen als Film geschnitten wird, kann natürlich auch in solch langen Bahnen von der Rolle ab gaufriert werden. Der Kalander dazu wird dann der Breite der Ware angepaßt und ist mit Ab- und Aufrollvorrichtung versehen. Die untere Glättwalze ist beim Gaufrieren in Rollen entbehrlich, da die Unterbrechungen der Bogengaufrage fortfallen (Abb. 15).

Als letzte Sonderklasse unter den Papieren habe ich noch

die Spitzenpapiere

und ihre Herstellungsart nebst Maschinen zu behandeln. Spitzenpapiere sind Nachahmungen echter Klöppelspitzen, sie werden zur Ausschmückung von Küchenschränken und Wandbrettern verwendet, ferner werden sie hergestellt als Tortenpapiere, Blumenmanschetten usw. Bis zum Jahre 1882 wurden die Spitzenpapiere durch Handarbeit hergestellt unter Benutzung einer gravierten Metallplatte, deren Musterung so ausgestaltet war, daß die hochstehenden Gravurpartien stellenweise als kleine runde, viereckige und Zackenschnitte ausgebildet waren. Auf diese Platte, die etwa 50 cm lang war, wurde das glatte Papier aufgelegt und mit einem Bleihammer so lange bearbeitet, bis sich das Papier der

Musterung angeschmiegt hatte und die Schnitte das Papier durchlöchert und zackig geschnitten hatten.

Dem Herrn Moritz Heimann aus Berlin wurde im Jahre 1882
ein Patent erteilt auf eine Maschine, die diese sonst so beschwerliche
Arbeit mühelos, kontinuierlich und in schnellem Gange ausführte.

Abb. 49 stellt eine solche Präge- und Schneidemaschine dar. In
den winklig zueinander liegenden Lagergleitschlitzen liegen die Haupt-
elemente der Maschine. Die gravierte Stahlwalze, die von dem seitwärts liegenden Getriebe in Umdrehung versetzt wird, liegt in der Winkelecke, dar-
unter liegt, durch Schrauben-spindeln anpreßbar, eine gehärtete glatte Stahlwalze. Seitwärts in dem wagerech-ten Schlitz liegt in ihren Lagern eine Papierwalze, die mit der gravierten Walze im Rapport arbeitet und sich zum Negativ der gra-vierten Walze ausbildet. Auch diese wird mittels Schraubenspindeln gegen die gravierte Walze gepreßt. Das glatte Papier wird als 1000 m langer Streifen durch die drei unter Druck stehen-den Walzen geleitet. Zwi-schen der gravierten und der glatten Stahlwalze wird das Papier durchlöchert und zackig geschnitten, seine

Abb. 49.

Prägung erhält es zwischen der gravierten Walze und der Papierwalze.
Nach erfolgter Prägung und Lochung wird das nunmehrige Spitzen-
papier über Bürsten geführt, die im schnellen Laufe die noch am Papier
haftenden Ausschnittabfälle entfernen, worauf sich das zur Klöppel-
spitzenimitation verwandelte Papier leicht auf einer Rolle aufspult, um
später verkaufsfertig aufgemacht zu werden.

Die Maschine wurde weiter vervollkommnet und mit einen oder
mehreren Farbwerken ausgestattet, so daß in einem Durchgange der
rohe Papierstreifen durchlöchert, gaufriert, zackenförmig geschnitten
und mit einer oder mehreren Farben bedruckt wird.

Die Ledergaufrage,

hat, wie unter „Allgemeines" schon ausgeführt, ungeahnte Bedeutung erlangt. Die ursprünglichen künstlichen Narbungen, die auf Chagriniermaschinen und zweiwalzigen Kalandern vorgenommen wurden, erwiesen sich bald als unzulänglich und unzweckmäßig, so daß man auf Grund langjähriger Erfahrungen zur Herstellung brauchbarer und zweckentsprechender Maschinen überging.

Als zweckentsprechendste Maschine wird heute die in der Abb. 50 gezeigte Konstruktion angesehen; sie besteht aus zwei Seitenständern, die unten und oben starr miteinander durch Eisenbalken verbunden sind. Die untere Verstrebung ist als Fahrbahn ausgebildet, auf dessen Schienen ein Wagen, der eine Druckwalze trägt, durch eine Schraubenspindel hin und her gezogen wird. Die obere Verstrebung ist als Träger

Abb. 50.

der gravierten Platte mit einem durch Dampf heizbaren Tisch ausgebildet. Die gravierte Platte wird auf dem heizbaren Tisch mittels Schrauben befestigt, so daß die Gravurseite der im Wagen liegenden Druckwalze zugekehrt ist. Vor und hinter der gravierten Platte befinden sich je ein Auflegetisch, zwischen diesen schwebt durch Stricke gehalten eine dicke Filzplatte.

Zur Ausübung der Gaufrage legt man die vollständige oder gespaltene Haut über Auflagetisch und Filzplatte, setzt die Maschine in Bewegung, worauf der Wagen unter der Filzplatte herfährt und der vorherigen Einstellung entsprechend einen starken Druck gegen die Filzplatte ausübt. Diese wiederum drückt mit gleicher Kraft die auf ihr liegende Lederhaut gegen die gravierte Platte, die ihrerseits die Oberfläche des Leders entsprechend ihrer Gravur gaufriert.

Ähnlich dem Revolverkalander hat man auch für die Ledergaufrage eine Lederpresse geschaffen, in die statt der oberen festen Verstrebung ein drehbarer, sogenannter Revolverbalken eingebaut wurde, der statt einer gravierten Platte deren bis zu vier Stück trägt, die je nach Bedarf der Druckwalze zugekehrt werden. Der Plattenwechsel vollzieht sich in wenigen Minuten, da das Ab- und Aufschrauben, sowie der Transport der Platten erspart bleibt.

Das Verfahren wird auch umgekehrt ausgeübt, indem man die Walzen graviert und mit diesen über die Oberfläche des Leders fährt, wobei dann die Filzplatte zwischen Lederrücken und dem glatten Gegentische liegt. Die Platten haben gewöhnlich eine Breite von 300 mm und passen sich in der Länge den zu bearbeitenden Häuten, die bis zu 3 m Ausdehnung aufweisen, an. Nimmt man gravierte Platten in Hautgröße, so darf die glatte Druckwalze doch nur geringe Breite haben. Sie muß die Pressung der gegen die gravierte Platte liegenden Haut streifenweise vornehmen.

Die gravierten Walzen werden selten über 300 mm Breite ausgeführt, damit die Haut, wie schon unter „Die Gaufriermaschine" ausgeführt, ohne Hindernisse auf ihren verschiedenartig gestalteten Partien bearbeitet werden kann.

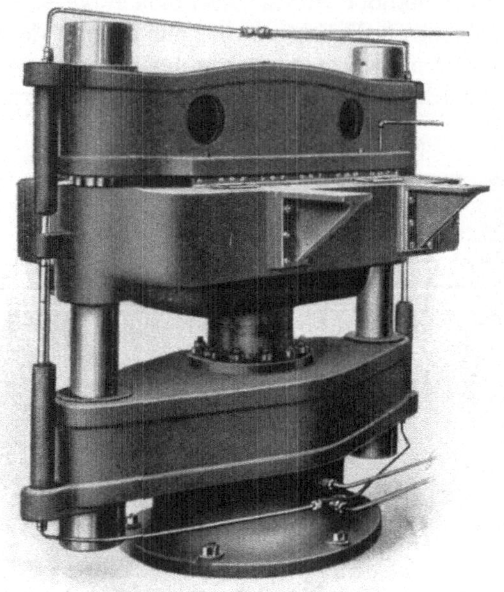

Abb. 51.

Sowohl bei der Platten- als auch der Walzenprägung wird die Haut nach jedesmaliger Einprägung eines Streifens, der der Gravurbreite von 300 mm entspricht, vorgeschoben, worauf der nächste Streifen im Ansatz an den vorherigen eingeprägt wird und so fort, bis die ganze Haut genarbt ist. Dieses Versetzen ist unnötig, wenn die gravierte Platte Hautgröße hat.

Es werden aber auch ganze Häute kleiner und mittlerer Abmessung mit Platten, die deren ganze Fläche überdecken, in einem Druck auf hydraulischen Plattenpressen genarbt. Abb. 51 zeigt eine solche Presse mit einem fest im Aufbau verankerten Oberkopf, unter dem die gravierte heizbare Platte festgeschraubt ist. Darunter befindet sich ein

über Säulen geführter, auf und ab beweglicher Tisch, auf dem eine
ausziehbare Platte vor- und rückwärts verschiebbar zwischen Führungs-
leisten liegt. Der ganze Tisch ruht auf einem Kolben, der im Preßzylinder des Unterkopfes durch Wasserdruck gehoben und durch Ab-
lassen des Wassers gesenkt werden kann. Auf der ausgezogenen Platte
des Preßtisches liegt eine Filzplatte, darüber legt man das Leder, schiebt
die Platte mit Filztuch und Leder ein, so daß das Ganze unter der es
überdeckenden gravierten Platte zu liegen kommt, gibt Druck und im
selben Augenblick erhält die ganze Haut die Auspressung des Musters
der gravierten Platte. Darauf läßt man den Druck ab, der Tisch senkt
sich, die Platte wird ausgezogen, die geprägte Haut abgenommen, eine
frische Haut aufgelegt und so weiter während des ganzen Tages.

Die Gamaschengaufrage

vollzieht sich auf einer besonders dazu konstruierten Maschine wie Abb. 52.

Genarbtes Leder, welches zu Gamaschen verarbeitet wird, verliert
während der Formgebung der
Gamasche die früher empfan-
gene Narbung, besonders an
den Stellen, die starken Zer-
rungen und Pressungen ausgesetzt sind, deshalb formt
man die Gamasche mit Vor-
liebe aus glattem Leder und
gaufriert sie als fertige Gamasche.

Die Gamasche wird auf
einer Holzform aufgespannt
und auf eine Achse, die sich
durch ein Schneckengetriebe
schrittweise dreht, aufgesteckt. Über der Gamasche
liegt in Lagern eine mit der
gewünschten Narbe gravierte
Walze, die durch einen Hebel
auf die Gamasche aufgepreßt
wird und sich über die Gama-
schenlänge bewegt, indem sie
sich deren Wellenform durch

Abb. 52.

Heben und Senken anpaßt. Nach jedem Überlauf dreht sich die
Gamasche um 5—10 mm weiter und so fort, bis der ganze Umfang der
Gamasche gleichmäßige Narbung erhalten hat.

Die Gummigaufrage.

Gummituche werden mit leichtem Druck und geringer Wärme auf einem Kalander wie Abb. 15 gaufriert. Das Verfahren unterscheidet sich im allgemeinen nicht von der Gaufrage der Textilstoffe; bedeutend ist das Gebiet noch nicht.

Wichtiger ist in der Gummiindustrie die Gaufrage oder Diamantierung der Gummi- und Turnschuhsohlen und ähnlicher Artikel, in denen ein großer Bedarf vorliegt. Vorbedingung für diese Arbeit ist die richtige Mischung der Gummimasse mit plastisch machenden Zusätzen, damit für den Durchgang durch den Kalander die Elastizität

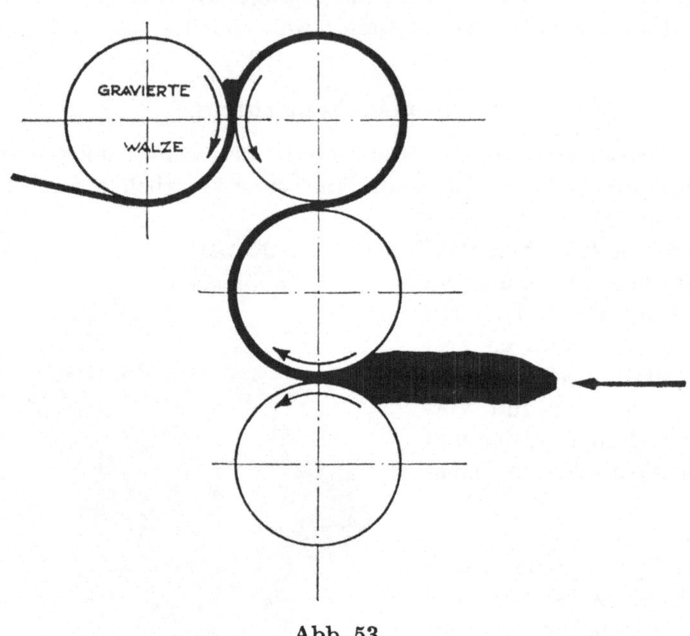

Abb. 53.

so weit als möglich verringert wird. Abgepaßte Muster, die einer Vorlage oder Zeichnung genau entsprechen müssen, lassen sich nicht vollkommen herstellen, da die Gummimasse nach der Gaufrage, trotz erfolgter Verringerung der Elastizität, einspringt und die Musterung etwas verzerrt.

Zur Diamantierung bedient man sich eines vierwalzigen Kalanders, dessen Walzenanordnung der Abb. 53 entspricht. Die drei übereinanderliegenden Walzen sind glatt, die oben seitlich liegende ist mit dem Sohlenmuster graviert. Zwischen den beiden unteren Walzen wird die auf einer Vorwärmewalze gekneteten, weich und plastisch gemachte Gummimasse, die als Teig eingeführt wird, zum Band gewalzt, das durch die anderen Walzen bis zur gravierten Walze geht, wo es die Musterung erhält. Man übergibt den Walzen stets so viel Teig (eine sogenannte Puppe), daß Bänder oder Blätter von 1,3—1,4 m Länge entstehen. Diese werden zum Kühlen, unter Verwendung von Stoffzwischenlagen, auf Bretter gelegt. Nach der Abkühlung werden nach Schablonen die Sohlen aus den Blättern herausgeschnitten und mit den anderen Teilen des Schuhes zusammengefügt. Wenn der ganze Schuh fertig ist, wird

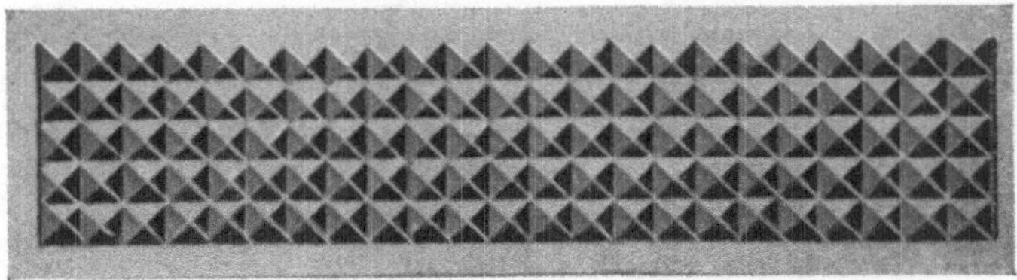

Abb. 54.

er lackiert und in einem Luftkessel unter 135—140⁰ vulkanisiert. Eine Prägung ist mit Abb. 54 wiedergegeben.

Eine große Menge anderer Gummiartikel, die als Figuren ausgebildet sind oder grobe Musterungen tragen, werden mittels gravierter Formen hergestellt, ohne dazu einer Gaufriermaschine zu bedürfen.

Die Metallgaufrage.

Zinn- und Aluminiumfolien.

Als die gebräuchlichste Metallgaufrage, die eigentlich zur Papierprägung gehört, muß ich die Gaufrage von Zinn- und Aluminiumfolien nennen. Die Folien, die so dünn wie Seidenpapier ausgewalzt werden, gaufriert man in gleicher Weise wie Papier. Früher wurde die Gaufrage in Bogen oder Blättern vorgenommen, heute gaufriert man fast nur noch von der Rolle ab in langen Bahnen. Der mit Abb. 55 gezeigte Stanniolgaufrierkalander hat Stahl- und Papierwalze mit Rapporträdern. Ab- und Aufrollung sind je doppelt vorhanden, weil gewöhnlich zwei Bahnen gleichzeitig durch den Kalander gehen. Der Druck wird durch Schraubenspindeln mit zwischengeschalteten starken Federn ausgeübt.

Die Maschine wird auch mit Farbwerk ausgeführt, um das Dessin zweifarbig erscheinen zu lassen. In diesem Falle wird jedoch nur eine Bahn gaufriert, wozu die obere der beiden Rollvorrichtungen benutzt wird. Die aufgedruckte Farbe trocknet auf der Metallbahn sehr langsam, daher läßt man von der zweiten Abrollung Seidenpapier ablaufen, das sich, ohne durch die Walzen zu gehen, mit der gaufrierten und bedruckten Metallfolienbahn zusammen aufrollt. Auf diese Weise

werden Farbabklatsche gegen den Rücken der Metallfolienbahn vermieden.

Durch Anbau eines besonderen Druckapparates kann das vorher
gaufrierte Metallfolienband mit ein- und mehrfarbigen Mustern bedruckt
werden. Auch in diesem Falle kann Gaufrage und Druck in einem

Abb. 55.

Durchgange erfolgen; die Aufrollung geschieht auch in diesem Falle
zwischen Seidenpapier.

Metallbänder,

ob aus Kupfer, Messing, Aluminium, Eisen oder Stahl, werden auf Walz-
werken geprägt, wie Abb. 56 ein solches darstellt. Diese Prägung erfordert ganz erheblich mehr Druck und dementsprechend Kraft als die
Prägung weicher Materialien. Diesen Erfordernissen gemäß ist die Ma-

schine in den Ständern und dem Antrieb äußerst kräftig gebaut und mit unnachgiebigen Spindeln für stumpfen Schraubendruck ausgerüstet. Sowohl für Rapportprägung als auch für Prägung mit glattem Rücken sind die beiden Walzen durch Zahnräder miteinander verbunden.

Fein gemusterte Metallbänder werden mit glatter Unterwalze geprägt, wenn die Gravurtiefe nur einen Teil der Metalldicke beträgt. Der Rücken dieser Bänder bleibt eben. Hat aber die Gravur eine Tiefe, die die Metalldicke übersteigt, oder ist die Musterung so kräftig, daß entweder das Metall zerschnitten oder die Auspressung nicht vollkommen würde, so ist die negative Walze erforderlich. Das Metallband verliert in diesem Falle den ebenen Rücken und nimmt beiderseitig die Eindrücke der Walzen auf. Will man nun beiderseitig positiv geprägte Metallbänder herstellen, so müssen beide Walzen der Musterung entsprechend positiv graviert sein, wobei zu beachten ist, daß die Gravur weniger tief ausgeführt sein muß als die halbe Metallstärke des Bandes, damit ein Zerschneiden des Metallbandes verhütet wird.

Abb. 56.

Für weiches Metall, wie Kupfer, Messing und Aluminium, kann die gravierte und Gegenwalze ungehärtet bleiben, muß jedoch aus bestem, hartem Stahl hergestellt werden. Zur Prägung harter Metalle, wie Eisen und Stahl, müssen die Walzen nach der Gravur gehärtet werden. Die glatten Gegenwalzen werden fast stets gehärtet. Der Arbeitsgang vollzieht sich in langen Bändern von der Abrollung durch die Walzen zur Aufrollung. Für die Weiterfabrikation zu Verbrauchsgegenständen werden die geprägten Metallbänder in Stücke, die den Massen der Gegenstände entsprechen, zerschnitten.

Metallbleche.

Ihre Prägung geht im allgemeinen genau so vor sich wie bei Metallbändern, jedoch ohne Ab- und Aufrollung, weil nur abgepaßte Tafeln

geprägt werden. Die Maschine, die in der Abb. 57 gezeigt wird, ist der
Breite der Tafeln entsprechend gebaut. Die Walzendimensionen, Ständer
und Antrieb, sind in allen Teilen darauf berechnet, den überaus großen
Widerstand, den die Metalltafeln der Prägung entgegensetzen, zu über-
winden.

Die Druckgebung erfolgt durch Schraubenspindeln, deren Drehung
durch Parallelstellungsvorrichtung erfolgt. Die gravierte Stahlwalze

Abb. 57.

ist mit der negativen Stahlwalze durch Rapporträder verbunden. Die
geprägten Tafeln, deren Länge selten 3 m überschreitet, werden ebenfalls, wie die Metallbänder, in Stücke zerschnitten, deren Größe den
daraus anzufertigenden Gegenständen entspricht.

Die Glasgaufrage

erfolgt ähnlich wie bei Linkrusta und Gummi auf plastischer Masse.
Es gibt zwei Arten der Glasgaufrage; die eine walzt das flüssige Glas
direkt zwischen Walze und Gießtisch, um dann direkt auf dem Gießtisch zu prägen, die andere walzt zunächst das flüssige Glas zwischen
Walzen zur Tafel und prägt daraufhin das Muster in die noch plastische
Tafel ein. Abb. 58 stellt eine Maschine dar, die in gleicher Weise zur
Herstellung von Kathedral- und Ornamentglas geeignet ist. Sie besteht
im Prinzip aus einem schweren, auf Rädern beweglichen Gießtisch,
der unter der in den oberen Lagern liegenden Walze von Hand oder ma-
schinell fortbewegt wird. Hinter dieser Walze befindet sich noch eine

kleine Schleppwalze, die die Oberfläche nach dem Gießen glättet. Der
Gießtisch selbst ist entweder aus Stahl oder Gußeisen aus einem Stück
oder mit aufgelegter Stahlplatte hergestellt. In die Oberfläche des
Tisches oder der Stahlplatte ist das entsprechende Muster eingraviert.
Durch diese Anordnung wird ein scharfes, gut ausgebildetes Muster
erzeugt, und da die Rückseite des Glases nur mit der Walze in Berührung
kommt, wird eine feuerpolierte Rückseite erzielt. Die Anlage ist sehr
teuer, wenn für jedes Glasmuster ein besonderer Tisch erforderlich ist,

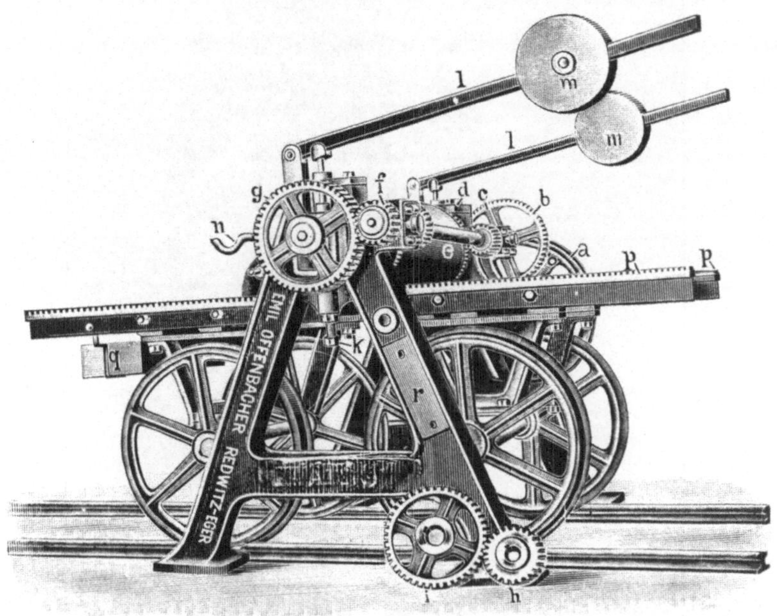

Abb. 58.

der durch seine Schwere und Gravur außerordentlich hohe Kosten verursacht.

Aus diesem Grunde wird der Tisch, wie oben erwähnt, in Gußeisen ausgeführt, und die dünne erwähnte Stahlplatte, die die Gravur
trägt, darauf aufgeschraubt. Billiger stellt sich die Ausführung, wenn
die Tischplatte glatt bleibt und statt dessen die Schleppwalze mit dem
entsprechenden Muster versehen wird, da dann nur diese bei Änderung
des Musters ausgewechselt zu werden braucht. Diese Ausführung stellt
sich natürlich bedeutend billiger als die schwere Stahlplatte, doch wird
die Rückseite des Glases, die jetzt mit der glatten Tischseite in Berührung kommt, nicht so schön wie bei der erst erwähnten Ausführung.

Für große Leistung dient die Maschine nach Abb. 59. Diese beruht
auf dem Kalandersystem und ist sowohl, was Leistungsfähigkeit, Qualität

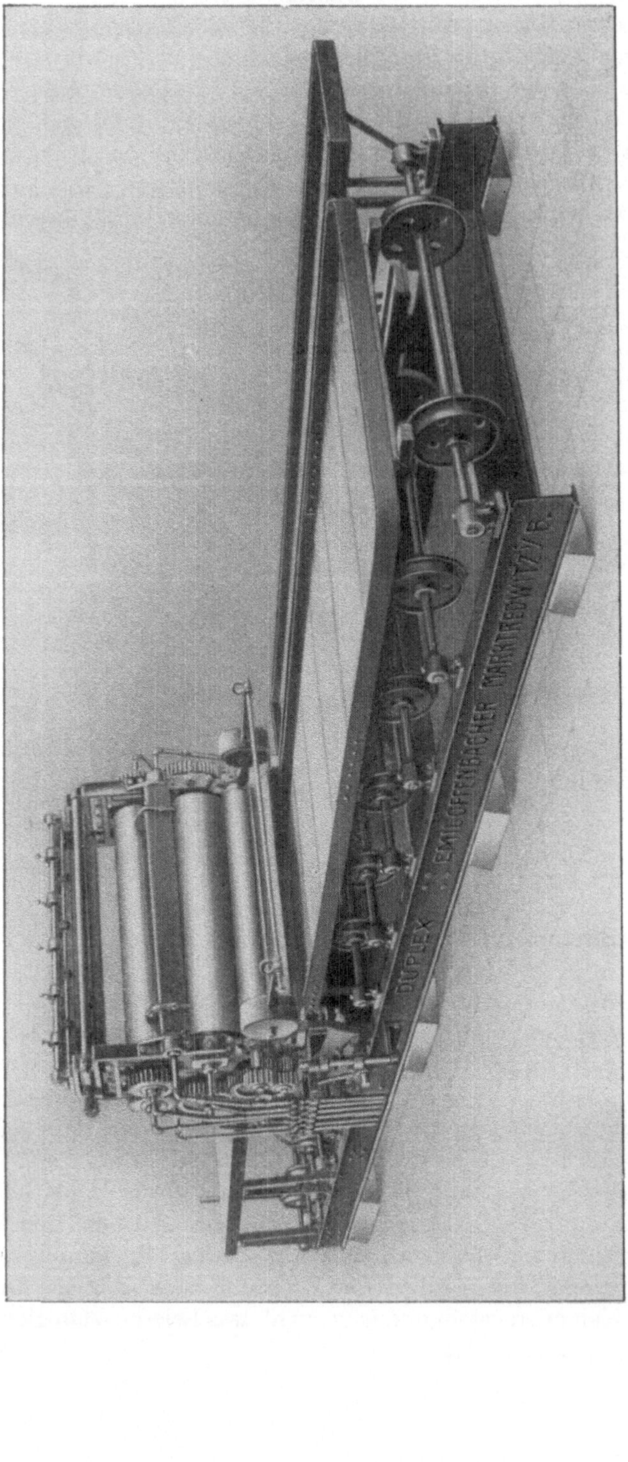

Abb. 59.

und vielseitige Verwendbarkeit anbetrifft, allen Anforderungen gewachsen. Die Maschine besteht aus einem kräftigen Gestell, in welchem sechs Walzen gelagert sind. Bei Herstellung von dünnem Glas bis etwa 5 mm Stärke wird das Glas nur auf der einen Walzenseite eingegossen, während bei starkem Glas und speziell bei der Herstellung von Drahtglas, wozu diese Maschine ebenfalls geeignet ist, das Glas in zwei Schichten, d. h. von der rechten und linken Seite der Maschine aus, eingegossen wird und dann entweder mit oder ohne Zulage von Drahtgewebe zu einer Glasschicht vereinigt wird.

Das oben eingegossene flüssige Glas wird zu einer weichen Glastafel geformt, in welche dann mittels der unteren kleinen Walze das Muster eingepreßt wird. Die ausgewalzte Glastafel wird automatisch auf den unterhalb befindlichen, sich langsam vorwärts bewegenden Wagen abgelegt und gelangt direkt in den Streckofen, in den sie zur Kühlung eingeschoben wird. Mit der Maschine können etwa 60 qm fertiges Roh-, Kathedral-, Ornament- oder Drahtglas in der Stunde hergestellt werden. Auch kann auf der Maschine gutes Überfangglas sowohl glatt wie gemustert erzeugt werden, wenn auf der rechten Seite ein andersfarbiger Glasfluß eingegossen wird als auf der linken Seite.

Schlußwort.

Nachdem ich in den vorstehenden Abhandlungen nach bestem Wissen und Können die Gaufrage, deren mannigfaltige Anwendung und die dazu erforderlichen Maschinen und Mittel beschrieben habe, gebe ich der Hoffnung Ausdruck, daß dieses Buch in allen Fachkreisen geneigte Aufnahme finden und vielen ein guter Ratgeber bei der Lösung auftauchender Fragen auf dem Gebiete der Gaufrage sein möge. Ich habe versucht, die Abhandlungen so zu halten, daß auch dem Laien, der sich auf dem Gebiete erst einarbeiten will, der Gang der Dinge verständlich wird, und ich hoffe, daß er das Gesuchte in diesem Buche vorfindet.

Trotzdem bezweifle ich nicht, daß diese Schrift noch Lücken aufweist, weil die Möglichkeit besteht, daß auf dem Gebiete der Gaufrage noch Verfahren und Maschinen angewandt werden, die mir bisher unbekannt geblieben sind. Allen Hinweisen will ich gerne bei einer Neuauflage Rechnung tragen.

Zum Schlusse danke ich noch allen, die mir auf meine Anfragen über mir nicht geläufige Verfahren bereitwilligst Auskunft erteilten, für ihre freundliche Mitwirkung.

Möge dieses Buch fruchtbringend wirken in allen Kreisen, die für Gaufrage Interesse zeigen.

Sachverzeichnis.

Taschenbuch für die Färberei mit Berücksichtigung der Druckerei. Von **R. Gnehm.** Zweite Auflage, vollständig umgearbeitet und herausgegeben von Dr. **R. v. Muralt**, dipl. Ing.-Chemiker, Zürich. Mit 50 Abbildungen im Text und auf 16 Tafeln. (227 S.) 1924.
Gebunden 13.50 Goldmark

Praktikum der Färberei und Druckerei. Für die chemisch-technischen Laboratorien der Technischen Hochschulen und Universitäten, für die chemischen Laboratorien höherer Textil-Fachschulen und zum Gebrauch im Hörsaal bei Ausführung von Vorlesungsversuchen. Von Prof. Dr. **Kurt Braß,** Stuttgart. Mit 4 Textabbildungen. (92 S.) 1924.
3.30 Goldmark

Färberei- und textilchemische Untersuchungen. Anleitung zur chemischen Untersuchung und Bewertung der Rohstoffe, Hilfsmittel und Erzeugnisse der Textilveredelungs-Industrie. Von Professor Dr. **Paul Heermann,** Berlin-Dahlem. Vereinigte vierte Auflage der „Färberei-chemischen Untersuchungen" und der „Koloristischen und textilchemischen Untersuchungen". Mit 8 Textabbildungen. (380 S.) 1923.
Gebunden 15 Goldmark

Mechanisch- und physikalisch-technische Textiluntersuchungen. Von Prof. Dr. **Paul Heermann,** Berlin-Dahlem. Zweite, vollständig umgearbeitete Auflage. Mit 175 Abbildungen im Text. (278 S.) 1923.
Gebunden 12 Goldmark

Technologie der Textilveredelung. Von Prof. Dr. **Paul Heermann,** Berlin-Dahlem. Mit 178 Textfiguren und einer Farbentafel. (574 S.) 1921.
Gebunden 22 Goldmark

Betriebseinrichtungen der Textilveredelung. Von Prof. Dr. **Paul Heermann,** Berlin-Dahlem und Ingenieur **Gustav Durst,** Fabrikdirektor in Konstanz a. B. Zweite Auflage von „Anlage, Ausbau und Einrichtungen von Färberei-, Bleicherei- und Appretur-Betrieben" von Dr. **Paul Heermann.** Mit 91 Textabbildungen. (170 S.) 1922.
Gebunden 7.50 Goldmark

Die neuzeitliche Seidenfärberei. Handbuch für Seidenfärbereien, Färbereischulen und Färbereilaboratorien. Von Dr. **Hermann Ley,** Färbereichemiker. Mit 13 Textabbildungen. (166 S.) 1921. 6 Goldmark

Die künstliche Seide, ihre Herstellung, Eigenschaften und Verwendung. Mit besonderer Berücksichtigung der Patent-Literatur. Bearbeitet von Geh. Regierungsrat Dr. **K. Süvern.** Vierte, stark vermehrte Auflage. Mit 365 Textfiguren. (697 S.) 1921. Gebunden 24 Goldmark

Die mikroskopische Untersuchung der Seide mit besonderer Berücksichtigung der Erzeugnisse der Kunstseidenindustrie. Von Prof. Dr. **Alois Herzog,** Dresden. Mit 102 Abbildungen im Text und auf 4 farbigen Tafeln. (204 S.) 1924. Gebunden 15 Goldmark

Technik und Praxis der Kammgarnspinnerei. Ein Lehrbuch, Hilfs- und Nachschlagewerk. Von Direktor **Oskar Meyer,** Spinnerei-Ingenieur zu Gera-Reuß und **Josef Zehetner,** Spinnerei-Ingenieur, Betriebsleiter in Teichwolframsdorf bei Werdau i. Sa. Mit 235 Abbildungen im Text und auf einer Tafel sowie 64 Tabellen. (431 S.) 1923.

Gebunden 20 Goldmark

Neue mechanische Technologie der Textilindustrie. Von Dr.-Ing. e. h. **G. Rohn** in Schönau bei Chemnitz. In drei Bänden nebst Ergänzungsband.

Erster Band: **Die Spinnerei in technologischer Darstellung.** Mit 143 Textfiguren. 1910. Vergriffen

Zweiter Band: **Die Garnverarbeitung.** Die Fadenverbindungen, ihre Entwicklung und Herstellung für die Erzeugung der textilen Waren. Ein Hand- und Hilfsbuch für den Unterricht an Textilschulen und technischen Lehranstalten sowie zur Selbstausbildung in der Faserstoff-Technologie. Mit 221 Textfiguren. (184 S.) 1917. Gebunden 5 Goldmark

Dritter Band: **Die Ausrüstung der textilen Waren.** Mit einem Anhange: Die Filz- und Watten-Herstellung. Ein Hand- und Hilfsbuch für den Unterricht an Textilschulen und technischen Lehranstalten sowie zur Selbstausbildung in der Faserstoff-Technologie. Mit 196 Textfiguren. (260 S.) 1918. Gebunden 7 Goldmark

Ergänzungsband: **Textilfaserkunde** mit Berücksichtigung der Ersatzfasern und des Faserstoffersatzes. Ein Hand- und Hilfsbuch für den Unterricht an Textilschulen und technischen Lehranstalten sowie für Textiltechniker, Landwirte, Volkswirtschaftler usw. Mit 87 Textfiguren. (104 S.) 1920. Gebunden 3 Goldmark

Enzyklopädie der Küpenfarbstoffe. Ihre Literatur, Darstellungsweisen, Zusammensetzung, Eigenschaften in Substanz und auf der Faser. Von Dr.-Ing. **Hans Truttwin** in Wien. Unter Mitwirkung von Dr. **R. Hauschka** in Wien. (888 S.) 1920. 42 Goldmark

Chemie der organischen Farbstoffe. Von Dr. **Fritz Mayer,** a. o. Hon.-Professor an der Universität Frankfurt a. M. Zweite, verbesserte Auflage. Mit 5 Textabbildungen. (272 S.) 1921.

Gebunden 13 Goldmark

Grundlegende Operationen der Farbenchemie. Von Dr. **Hans Eduard Fierz-David,** Professor an der Eidgenössischen Technischen Hochschule in Zürich. Dritte, verbesserte Auflage. Mit 46 Textabbildungen und einer Tafel. (283 S.) 1924. Gebunden 16 Goldmark

Betriebspraxis der Baumwollstrangfärberei. Eine Einführung von **Fr. Eppendahl,** Chemiker. Mit 8 Textfiguren. (125 S.) 1920.

4 Goldmark

Kenntnis der Wasch-, Bleich- und Appreturmittel. Ein Lehr- und Hilfsbuch für technische Lehranstalten und die Praxis von Ing.-Chem. **Heinrich Walland,** Professor an der Techn.-gewerbl. Bundeslehranstalt, Wien, I. Zweite, verbesserte Auflage. Mit 59 Textabbildungen. (347 S.) 1925. Gebunden 16.50 Goldmark